技　术

不列颠图解科学丛书

Encyclopædia Britannica, Inc.

中国农业出版社

图书在版编目（CIP）数据

技术 / 美国不列颠百科全书公司编著；石乔，张鸿
鹏译. -- 北京：中国农业出版社，2012.9
（不列颠图解科学丛书）
ISBN 978-7-109-17228-9

Ⅰ.①技… Ⅱ.①美… ②石… ③张… Ⅲ.①科学技
术—普及读物 Ⅳ.①N49

中国版本图书馆CIP数据核字(2012)第230058号

Britannica Illustrated Science Library
Technology

www.britannica.com

不列颠图解科学丛书
技 术

著作权合同登记号：图字 01-2010-1430 号

编　　著：美国不列颠百科全书公司
项 目 组：张 志　刘彦博　杨 春
策划编辑：刘彦博
责任编辑：刘彦博
翻　　译：石 乔　张鸿鹏
译　　审：张鸿鹏
设计制作：北京亿晨图文工作室（内文）；惟尔思创工作室（封面）
出　　版：中国农业出版社
　　　　　（北京市朝阳区农展馆北路2号 邮政编码：100125 编辑室电话：010-59194987）
发　　行：中国农业出版社
印　　刷：北京华联印刷有限公司
开　　本：889mm×1194mm 1/16
印　　张：6.5
字　　数：200千字
版　　次：2012年12月第1版　2012年12月北京第1次印刷
定　　价：50.00元

技　术

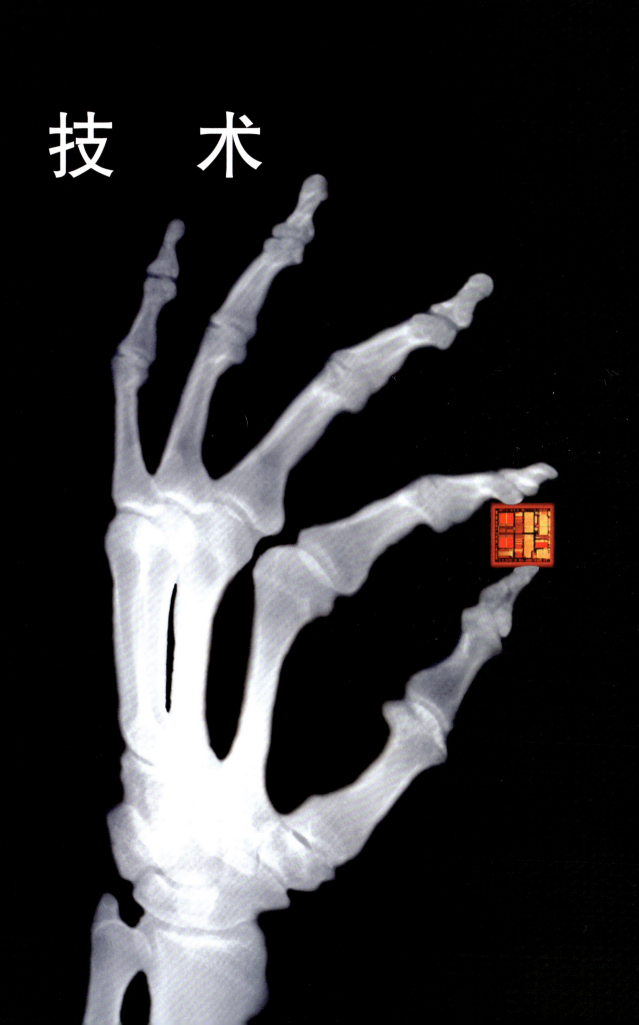

目　录

封面图片

碳纳米技术。图片所示为碳纳米管中的巴克球（C60）的计算机模型。彩色的峰状突起显示了电子波。纳米管就是一条由碳原子构成的直径只及人头发直径十亿分之一的圆柱。巴克球是由60个碳原子组成的球状集群。填塞着巴克球的纳米管被称为豆荚结构碳纳米材料，该材料能够很好地导热及导电。调整纳米管中巴克球的数量能够改变纳米管的传导特性。豆荚结构纳米材料能够用来以分子的大小构建电子元件。

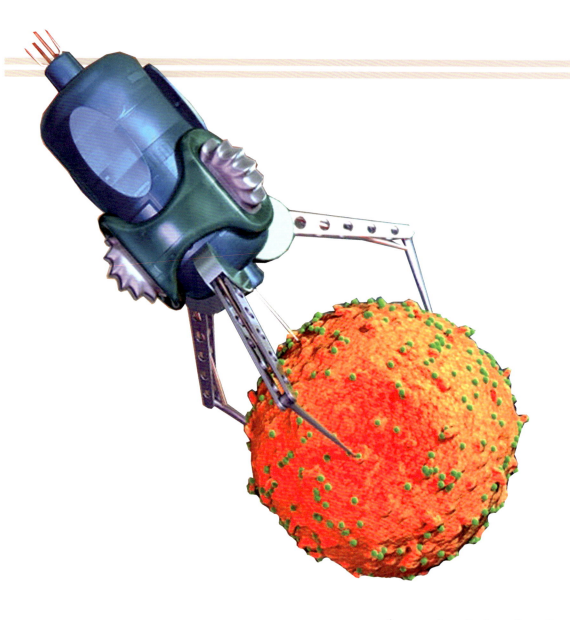

纳米机器人
由长度仅10纳米的机械臂构成的微型设备。图片所示为该机器人正在运送一种药物穿过一个受感染细胞的内壁。

无尽的创造力

就技术而言，今天的人类比过去任何时候都发展得更快。纳米技术、人工智能，甚至能够跳舞、爬楼梯和下棋的机器人，都不再仅存于科幻小说家的想象中，也不再仅存于科学家的大胆设想中。诺贝尔物理学奖获得者理查德·费曼在1959年曾用名为"底端空间无限"的演讲为全世界带来了灵感。他阐述的是存在于分子、原子和亚原子量级的无垠空间，以及对这个空间的探索会如何为科学和技术带来革命。像列奥纳多·达·芬奇一样，费曼的想法超前于他所在的时代的技术条件。当用于观测和操纵原子的设备在数十年后开始出现时，医学、外科手术、计算科学等各个领域，尤其是材料科学界，终于开始把费曼的梦想变成现实。以医学为例，研究人员已经创造出能够直接将药物送进一些癌症细胞的分子。这些纳米粒子的直径小于5纳米（1米的百万分之一），能够穿过细胞膜的小孔。它的工作原理类似于特洛伊木马，将药物嵌入模仿营养物质编码的纳米粒子中。一旦进入癌症细胞，纳米粒子就会释放药物，杀死染病细胞。纳米技术无疑是新世纪的科学。纳米技术影响如此深远，将会以目前无法想象的方式影响科学和技术的所有领域。

要了解机器究竟能完美到何种程度，我们还有很长的路要走。在未来的50年里，世界必将充斥着"智能"机器人，它们不但能够踢足球，还能说汉语、英语、日语和韩语，也能自动完成诸如驾驶汽车和飞机这样的任务。这些进展令人惊叹，但也引起了一些人的担忧。有人对于能够自主做出决定的机器人的发展前景持谨慎态度，尤其是对于将这些机器人用于军事目的的情形。装备有摄像头和机关枪的遥控机器士兵已经投入使用，一些专家提出的问题是"如果自动化机器人杀死他人，谁应当负责？"老年人看护也产生了难题，机器人在日本已经被用于测量老年人的基本健康指标，例如血压。在未来，将老年人留在医院里由机器照顾所需的成本可能更低。这种情况表明了在掌握情况的基础上就机器人学进行辩论的重要性。目前最新的惊人成果是机器人孪生模型Geminoid，由日本教授石黑浩按照他的形象和外表创造的"孪生儿"——他的机器人孪生儿能够在座位上移动、眨眼甚至是模拟呼吸。

本书展示了一些改变了我们对身边世界的认识和我们的日常生活的发明。在本书中，你会看到一些革命性的技术，它们的出现真正改变了世界。例如等离子体，谁会想到在宇宙中自然出现的电离气体会被用在电视屏幕中，并在我们的家里占据重要的地位？当然，对等离子体的利用还处于起步阶段。根据一些专家的看法，未来的太空火箭将由轻薄而高速的等离子喷气式发动机推动。另外，低温等离子气体可以用于在电脑芯片表面上铭刻传递信息的沟槽，并且等离子在这方面具有不可替代的地位。通过阅读本书你还会了解到这样一些发现，它们在日常生活中是如此重要，以致于难以想象在它们出现之前世界是何种面貌，例如互联网、移动电话和数码相机，还有那些最近才开始展示潜力的发明创造。当看到这些发明创造中有多少与丰富的想象力和巧妙的构思有关，又有多少被应用于我们自身，满足我们的需要和构造我们的社会时，你一定会惊叹不已。●

日常应用

工作和学习方式带来了巨大的变革，而数码相机和摄像机使我们能够留住时光的记忆，将每一个独一无二的瞬间永久收藏。我们的日常生活由技术塑造，技术无处不在，它带来了我们一直在追寻的东西：舒适、娱乐，以及简化日常琐事的方式和工具。●

三维立体电影

近来随着采用了IMAX技术的立体影院的出现，使得人们有机会接触到这种新颖的电影技术。画面的高分辨率及超大银幕（超出人的周边视觉），配合高质量的音效及三维特效，这一切都使得观众有一种置身于电影之中的感觉。开始时，这些影院只用来放映一些纪录片，因为拍摄这种电影需要特殊的拍摄系统。然而，近年来，越来越多的商业电影使用了这种制作格式。●

影院

IMAX（最大影像） 电影放映室的特点是拥有宽大的屏幕尺寸和高质量的音效。这两个元素加上三维立体效果，将让观众彻底沉浸在影片中。

260千克

这是IMAX胶片盘的平均重量。操作人员需要使用起重设备来搬运它们。

放映机
装有两只镜头，从这两只镜头投射出的图像汇聚在屏幕上。需要借助两盏15 000瓦的灯才能照亮如此巨大的屏幕。

冷却软管及管道

音响系统
为了实现真实的音效，采用了分离6声道和1个超低音音箱。

胶片盘
两盘胶卷从两个略微不同的角度播放同一部电影，以模仿人类的视野。两盘胶卷同时放映。

拍摄IMAX影片

为了获得三维立体效果，在IMAX影片的拍摄过程中使用两台摄影机。每台摄影机相当于一只人眼，分离的角度重现了人类双眼的视角。

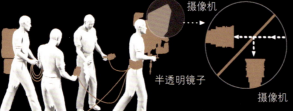

因为两台摄影机无法摆放得足够近以达到三维立体效果，需要使用一面镜子来解决这个问题。

摄像机

半透明镜子

摄像机

三维立体效果

通过两只镜头将影像汇聚在屏幕上。每只镜头对应一只人的视角，两只镜头投射的影像以互成直角的角度发生偏振。

1 每台放映机的镜头以互成直角的角度使影像发生偏振。

水平偏振（左眼）

垂直偏振（右眼）

屏幕
巨大尺寸且
微微凹陷。

与传统35毫米胶片电影的比较

与传统影院相比，IMAX影院的最大优势是所放映影像的尺寸和质量，以及音响系统和立体效果。

屏幕

它们是电影行业中最大的屏幕，宽度超过20米，高分辨率的放映条件带来优秀的影像质量。由于这些屏幕的宽度超过了人类周边视觉的正常范围，观众会完全沉浸在影片中。

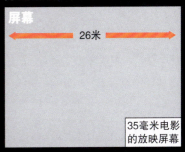

屏幕
← 26米 →
35毫米电影的放映屏幕

胶片

IMAX电影胶片每帧尺寸为50毫米×70毫米，15孔。换句话说，是传统电影放映中使用的35毫米胶片表面积的10倍。每幅影像对应于两帧从略微不同的角度拍摄的底片，营造出三维立体效果。与传统电影不同，这种胶片以水平方向通过放映机放映，并且速度要快得多。

70毫米
胶片

35毫米
胶片

放映影院

IMAX电影可以用于两种影院，使用大型平面屏幕的传统类型影院和影像延伸至周边和天花板的圆顶放映厅。

② 观众使用的眼镜有互成直角的偏光镜片，对应于放映机的镜头。

③ 因此，在电影放映过程中，每只眼睛前的偏光镜片只允许相应的影像通过，并阻断需要另一只眼睛看到的影像。

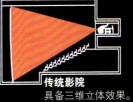

传统影院
具备三维立体效果。

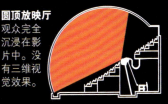

圆顶放映厅
观众完全沉浸在影片中。没有三维视觉效果。

iPod多媒体播放器

这款第五代精密多媒体播放器由苹果公司于2001年推出，允许使用者存储和播放多达80G（千兆字节）容量的以各种格式编码的音乐、视频和图片；它还允许使用者从苹果电脑和个人电脑将信息传送到该播放器中。iPod能够从iTunes（苹果公司开发的一款信息交换软件）下载新的文件。这款软件的角色是一个复杂数据的管理者，使客户能够从一个存有300万首歌曲和3 000段视频的资料库中购买文件。●

娱乐无止境

设计美观的iPod最引人注目的一个特点是它存储高保真音频文件的能力。在仅比人的手掌稍大的方寸之间，使用者可以存储多达80G的数据。

5G
iPod多媒体
播放器

10.4厘米

音乐
80G容量版本的iPod能够存储超过20 000首歌曲（30G容量版本的能够存储多达7 000首歌曲）。

视频
80G容量版本能够存储和播放超过100小时的多种文件格式的视频。

游戏
iPod自带四款游戏，还能通过iTunes软件下载大量游戏。

6.1厘米

图片
存储超过25 000张图片。插入家庭影院系统，可以在大屏幕上边播放音乐边展示图片。

演变

自2001年上市以来，iPod变得更小、更轻、更高效。它目前配有一块彩色屏幕，最大存储能力为第一版的16倍。iPod带动了配件业务的繁荣，并且已经成为整整一代人的象征。今天，它是最流行的便携式多媒体播放器。

2001年

最初的iPod
第一版的iPod能够存储5G容量的信息。

2004年

迷你型iPod
存储容量最高达6G容量。已停产。

2004年

U2版 iPod
这一型号是与合作方U2乐队和环球音乐集团共同推出的。

2005年

iPod Nano
迷你型iPod的继任者。更小、更轻、带彩色屏幕。存储容量8G。

2005年

iPod Shuffle
最小的型号，仅重15克，没有屏幕。

2005年

5G iPod
存储容量80G；配有2.5英寸（6.3厘米）彩色屏幕。

2007年

iPod Touch
全彩触摸屏，访问视频共享网站YouTube。

小方匣中的复杂世界

■ 2G容量的iPod Nano的内部展现了多媒体播放器的复杂性。芯片、电路、电路板、接口，甚至还有一片很薄的液晶显示屏，都装进一个仅有9厘米×4厘米大小的空间中。

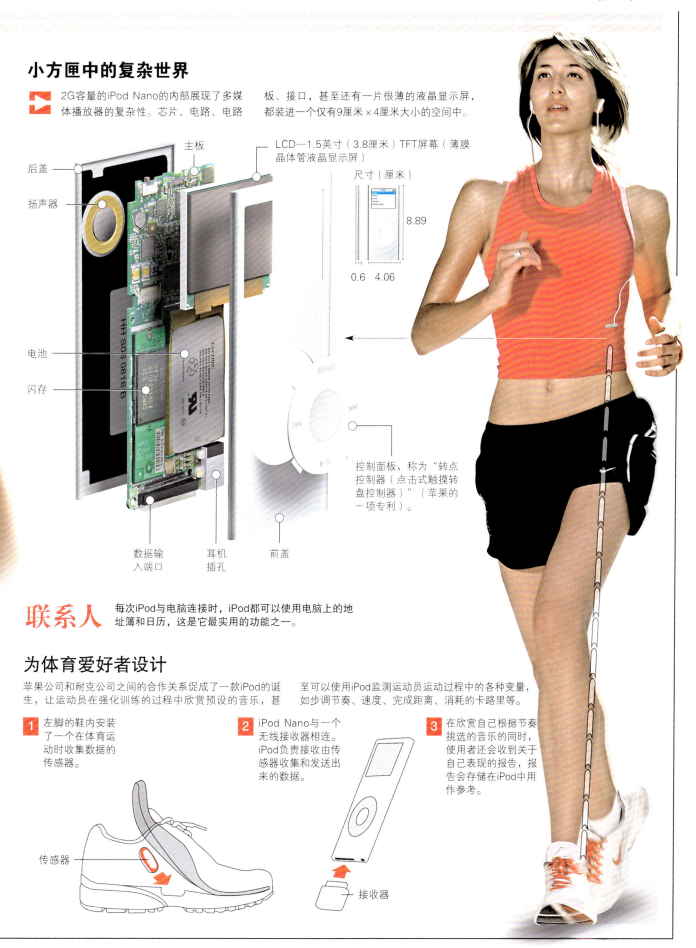

后盖

扬声器

主板

LCD—1.5英寸（3.8厘米）TFT屏幕（薄膜晶体管液晶显示屏）

尺寸（厘米）

8.89

0.6　4.06

电池

闪存

MENU

控制面板，称为"转点控制器（点击式触摸转盘控制器）"（苹果的一项专利）。

数据输入端口

耳机插孔

前盖

联系人

每次iPod与电脑连接时，iPod都可以使用电脑上的地址簿和日历，这是它最实用的功能之一。

为体育爱好者设计

苹果公司和耐克公司之间的合作关系促成了一款iPod的诞生，让运动员在强化训练的过程中欣赏预设的音乐，甚至可以使用iPod监测运动员运动过程中的各种变量，如步调节奏、速度、完成距离、消耗的卡路里等。

1 左脚的鞋内安装了一个在体育运动时收集数据的传感器。

2 iPod Nano与一个无线接收器相连。iPod负责接收由传感器收集和发送出来的数据。

3 在欣赏自己根据节奏挑选的音乐的同时，使用者还会收到关于自己表现的报告，报告会存储在iPod中用作参考。

传感器

接收器

任天堂Wii

随着Wii的推出，任天堂试图在视频游戏机领域掀起一场革命。Wii，作为第五代任天堂家庭电视游戏机和第七代视频游戏的一员，是任天堂GameCube（即"游戏方糖"）的继任者。Wii有一些特色功能，旨在帮助更多的受众感受视频游戏，并让他们走进虚拟的世界。这些特色包括：传递触觉效果（如击打和振动）的复杂的无线指令、侦测玩家在房间内的位置并将信息传送到主机的红外线传感器，以及供两只手分别使用的独立的控制器。Wii在2006年12月推出后即取得了商业上的成功。

主机

▶ 主机是Wii的大脑。体积轻薄（宽仅4.4厘米）的它用来运行储存在直径12厘米的标准光盘中的游戏，能够兼容单层和双层光盘。

系统

包括1个IBM 个人台式计算机处理器、4个控制器接口、2个通用序列总线USB接口、内存扩展插槽、立体声插槽，支持16:9全景屏幕视频播放。

连接

主机可以与互联网连接【包括Wi-Fi（一种允许以无线方式互相连接的技术）无线连接】，能够每天24小时接收更新信息，由此增加或升级特色功能。

Wiimote

▶ Wiimote是Wii的遥控器，与传统的游戏手柄不同，它看起来更像一个遥控器，而不像视频游戏的控制器。开发它的目的就是便于单手操作。

动作感应器

玩家的动作由Wiimote内置的软硅棒进行探测。这根硅棒在由电容器产生的一个电场中移动。玩家的动作通过硅棒让电场发生变化，此类变化会被探测到并传输到红外线传感器中，传感器再将这种变化转化为虚拟角色的动作。

主机

红外线传感器
传感器探测玩家的位置，最大可探测距离达10米，使用指针功能（用于指示屏幕上的点）时为5米。

10米

250 000台

这是每天由任天堂生产的Wii主机数量。当时为了准备Wii在日本的发售，生产了400 000台机器（对于新推出的主机而言这是史无前例的数量），在几个小时内就销售一空。

振动器
产生配合游戏情景的振动，如用枪射击或击球时。

内置扬声器
再现各种声音，如枪声或刀剑碰击声。

主机按钮（按住两个按钮就能激活Wiimote的发现模式用于设置与具有蓝牙功能的个人电脑协作。）

LED（发光二极管）灯
在多玩家游戏中指明处于活跃状态的玩家。

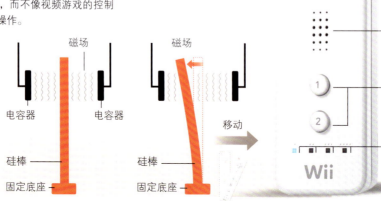

磁场　　磁场

电容器　电容器

硅棒　　硅棒

移动

固定底座　固定底座

玩家
最多可以有四名玩家同时参与同一个游戏。所有的传感器都使用蓝牙无线技术。

狂　热

一些早期玩家的"过度狂热"让人不禁担忧Wiimote的安全带是否会不够结实，所以任天堂决定用更加安全牢固的安全带进行替换，并对320万部控制器的安全带作了更换。

安全带
使玩家能够用单手安全地使用控制器，防止Wiimote掉落或滑脱。

用于各种情况的控制器

红外线发射器

尺寸

按钮

14.8厘米

3.08厘米

3.62厘米

接口用于添加外设，如Nunchuck（任天堂的双节棍手柄），不仅可以增强主机功能，也是对主机传统控制器的改进。

Nunchuck 双节棍手柄

连接到Wiimote上，用于为特定的游戏增加选项，如双手拳击或在瞄准射击时转换视角。

传统控制器

这种控制器仍然是操作早期任天堂主机游戏所必备的装备。

液晶显示器（LCD）

用于手机和笔记本电脑显示屏的技术是基于对液晶的使用——一项可以追溯到19世纪的发现。目前该技术已经应用于电视设备，引发了屏幕尺寸大小和图像质量的革命。液晶电视比传统的电视机更轻、画面更平，消耗的电能也更少。●

屏幕内部

LED（发光二极管）灯泡
最先进的屏幕使用发出红光、绿光和蓝光的二极管，这些颜色混合在一起就构成了强烈的白光，代替了传统的荧光灯管。

柔光屏
用于控制亮度并使光线变得柔和。

电路
将电视信号转换为对液晶的电子指示信息，用以形成屏幕上的图像。

液晶
于19世纪末被发现，液晶同时具有固体和液体的特质。液晶的分子可以具有特定的晶体结构——这是固体的特征——但仍然有一定的移动自由。在液晶显示屏中，晶体可以通过电子脉冲定向，又能够停留在适当的位置。

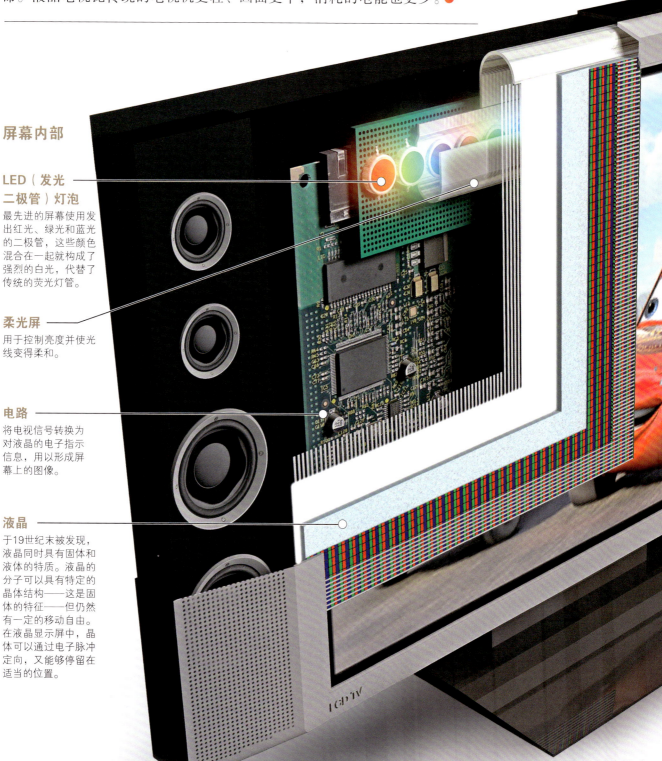

图像

是由数十万个被称为像素的光点构成的。每个像素的颜色和亮度都取决于红色、蓝色和绿色子像素（亚像素）的组合亮度。

每个像素的颜色取决于各个子像素的亮度。

🔴 + 🟢 + 🔵 = ⚪ 三种子像素在最大亮度时混合就产生白光。

⚪ + ⚪ + ⚪ = ⚫ 如果三种子像素完全不发光，像素就会变成黑色。

光的路径

在液晶显示器屏幕中，白色光借助偏光板、显微晶体和彩色滤光膜被转换为电视图像。大部分程序依赖于以精确的方式使光线定向的技术完成。从环保角度而言，液晶显示器屏幕几乎不发出电磁辐射，而且它们的能量消耗比传统的电视设备阴极射线管低60%。

1 光源
发出白光，白光的光波自然地向各个方向散射。

2 第一个偏光镜
将白光组成一系列的垂直光束。

3 薄膜晶体管
一种晶体薄膜，被包裹在微型晶体管中，根据电视信号做出反应，发出使晶体定位的指示信息。

像素

108
这是目前世界上最大的液晶电视的尺寸（单位：英寸）。该屏幕宽2.4米，高1.35米，拥有207万像素。

微晶体管

子像素

被动晶体

完全强度光线

30
这是整个流程每秒钟重复的次数。在高清电视中的频率是这一频率的两倍。

被拦截光线

防反射层

4 液晶
数十万个微型晶体根据薄膜晶体管发出的"指令"而定向。这些晶体干扰光波，并将光波折射到特定的方向。

5 色滤镜
由晶体折射的白光波被转化为红色、绿色和蓝色的光波。

6 第二个偏光镜
用于过滤水平方向的光波。子像素的亮度随着液晶投射光波的方向而变动。

晶体如何发挥作用

TFT（薄膜晶体管）施加于晶体的电压迫使晶体改变排列方式，使穿过晶体的光线发生折射。

光强度
晶体由此使光线发生折射。光线最终的亮度取决于光线接近水平的程度。

中等强度　　最高强度

被拦截的光线
当晶体只允许垂直方向的光波通过时会发生这种情况，此类光波随后被第二个水平的偏光镜拦截。

数字电视

等离子体电视和液晶电视的出现将画面质量提高到了前所未有的高度。但是，直到有了数字电视的突破性发展，才真正完成了这场革命。在未来的几年中，数字电视将在世界上的大部分地区完全取代传统的模拟电视。数字电视的概念涉及整个流程的数字化，从捕捉图像到将设备引入家庭，让用户与数字电视频道互动，并最终推出高清数字电视，在现有技术的条件下提供最佳的画面质量。●

1和0的世界

数字电视流程开始于实地的电视演播室，继而到传输系统的控制台和存储方式，最后是在电视机上播放。

1 图像
使用高分辨率数字摄像机进行图像拍摄，并采用数字1和0对其进行编码。

2 存储
将信息传至控制台，通过高速系统控制台与网络服务器采用数字存储的方式共同工作。

3 传输
采用压缩的数字格式进行传输，这种格式可以通过缆线或卫星以高速传送大量的信息流。

2009年
这一年美国所有的电视节目都开始采用数字格式进行播放。

多格式、多频道
数字电视最为突出的特性之一就是播放机可以利用不同的编程将信号分成多个分辨率较低的次级频道，或者将其以尽可能高的分辨率在一个独立的频道中播出，这一切都应归功于高速的数据传输方式。

宽带电视
该数字电视系统目前已经推出，通过线缆及卫星进行数据传输，这是唯一可以提供真正的"点播电视服务"的系统，用户可以从节目菜单中选择节目，而不必受传统预定播放时间的限制。

大30%

16:9的屏幕比4:3的屏幕大30%，拥有相同的水平分辨率（像素线）。

图片质量

数字电视的宗旨就是"要么为观众提供最高质量的图像，要么就什么也不做"。该系统消除了重影、失真、色差等图像质量问题。高素质的画面是由图像比例和分辨率两个因素决定的。

模拟电视

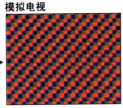

屏幕比例

4:3

图像最高由21.1万个像素组成。

数字电视

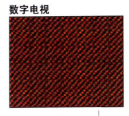

屏幕比例

16:9

图像最高可由200多万个像素组成。

⑤ 互动性

与传统的模拟电视不同，数字传输系统内建立了输入和输出通道，这可以使用户在一定程度上感受到同广播公司之间的互动。

④ 解压

在转变成电视图像前利用解码器对信息进行解压处理。

点播电视

根据不同的服务，用户可以选择不同的节目选项，参考指导意见，也可付费收看节目。

分线盒

声音

声音以杜比数码音效的形式接收，由5个位置相对独立的声道构成，如果采用家庭影院系统则可以产生三维立体声效果。

解码器

在数字电视系统中，数字电视机执行类似于电视图像显示器的功能。而传统的模拟电视是直接从各个广播公司处接收信号。

不同的格式

	模拟信号电视	标准清晰度电视	准高清晰度电视	高清晰度电视	高清晰度电视
像素数量	211 000	307 200	337 920	921 600	2 037 600
分辨率	640×480	640×480	704×480	1 280×720	1 920×1 080
扫描格式	480线	480线	480线	720线	1 080线
屏幕	4:3	4:3	4:3或16:9	16:9	16:9
图像质量	普通	好	很好	优异	优异

隔行扫描

这是传统彩色电视的传输方式。屏幕由水平像素线组成。奇数线和偶数线分别每秒刷新60次，交替进行。因此整幅图像每秒更新30次。

逐行扫描

整幅图像每秒刷新60次，可提供高质量的图像。在高清晰数字电视系统中有两个近似的格式：720p扫描格式使用逐行扫描技术，有720行像素；1080i扫描格式由更多像素行组成，但是采用的是隔行扫描。而采用1080p扫描格式的播放方式则可以提供具有更高分辨率的逐行扫描画面。

虚拟激光键盘

如果简单的无线键盘还能让一些人觉得新奇，那么虚拟激光键盘就像是科幻电影中的神奇发明了。然而这项技术目前是真实存在的，而且不像其他种类的替代键盘，这种键盘的价格并不十分昂贵。用户能够在投影于各种物体表面的虚拟键盘上"敲打"所需的内容。这绝不仅仅是一种没有实际用处的技术时尚或噱头，虚拟激光键盘能够解决一个严肃的问题：因为按键过小，在使用PDA（掌上电脑）技术的应用软件上输入内容通常比较困难。●

用光线书写

比手机还要小的电子设备通常需要虚拟键盘，虚拟键盘能够投影在任何不透明的物体表面上。

PDA设备
电子记事本、掌上通、手机或其他通过蓝牙连接接收键入的信息，并在屏幕上显示的电子设备。

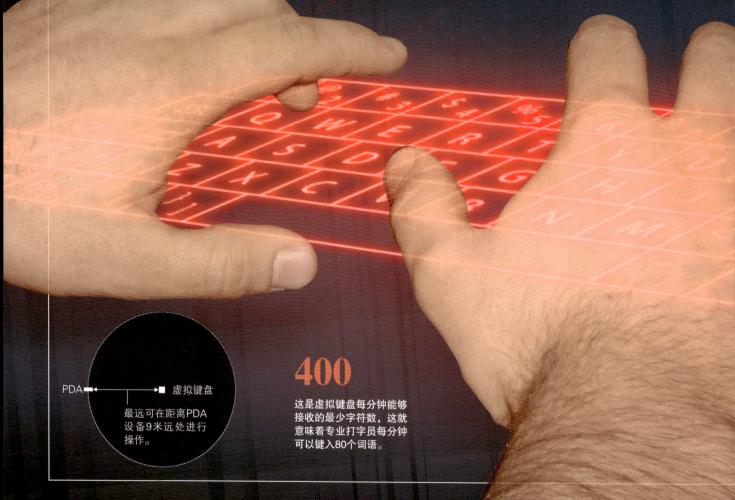

PDA ◄——————► 虚拟键盘
最远可在距离PDA设备9米远处进行操作。

400
这是虚拟键盘每分钟能够接收的最少字符数，这就意味着专业打字员每分钟可以键入80个词语。

投影器

这是虚拟键盘的核心部分。大小仅为9.2厘米×3.5厘米，重90克。

投影窗口

投影面

虚拟键盘

采用激光投影技术，大小等于一个小型的键盘，尺寸为29.5厘米×9.5厘米。

虚拟键盘的工作原理

 尽管用户是在虚拟激光键盘上输入，但实际上书写指令是通过无形的红外层进行接收的，该红外层直接置于虚拟键盘之上。

1 激光投影器将虚拟键盘投影到不透明物体的表面。同时，一个二极管生成红外层，该红外层平行于键盘，位于投影键盘上方0.3厘米的高度之内。

— 虚拟键盘
— 红外层

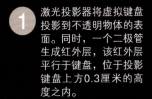
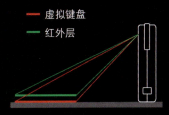

2 当用户敲击投影按键时，红外光区受到撞击，产生紫外线反射，这种反射也是无法被肉眼所察觉的。

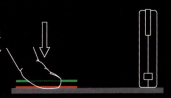

3 摄像头捕捉到反射信息，将信号传入芯片。芯片按照反射的距离及角度计算受"敲击"按键的位置。

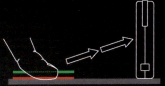

4 通过PDA设备的红外蓝牙连接器传送信息，然后在PDA设备的屏幕上显示键入的字符。

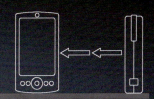

15分钟

按照生产商的说法，仅需进行15分钟练习就能够熟练掌握这种虚拟键盘的使用。

其他替代键盘

人体工学键盘

有很多种奇形怪状的样式。然而，它们都能够让打字变得更加舒适、更加轻松。

OrbiTouch无键键盘

毫无疑问，这是最为特殊的键盘之一。事实上，该键盘完全没有按键，仅有两个拱顶，通过活动手腕，使用者可用输入128个字符，并可以使用鼠标的3种功能。

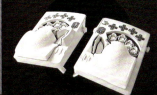

DataHand人体工学键盘

该设备完全符合手掌的形状，甚至于还有内置鼠标。该创意的目的是减小常年敲击键盘对手指造成的压力。使用者可通过按键分配显示器配置按键。

可卷式键盘

各个方面都同标准键盘十分相似，只不过该键盘很柔软，可以曲卷起来。

记忆棒

尽管USB（通用串行总线）闪存盘（即U盘）出现还不到10年，但是这种不需要电池支持就可以存储信息的闪存设备迅速成为数据传输与临时存储领域的新宠。该设备小巧、耐用、轻便、快捷、可靠且十分实用，还可提供多种特殊的复杂用途，例如通过特定的存储参数能够开启任何电脑，其功能还在不断增加。今天这种设备价格低廉，并且容量可达数十亿字节之多。●

快速存储器（闪存）：关键技术

被称为闪存的快速存储器具有多种特性，这些特性使得相机及手机等小型存储设备的存储能力发生了革命性的变化：闪存为不挥发性内存，这意味着该存储器不会因为断电而丢失存储内容；其材质由半导体而不是自旋磁盘或光盘构成，这使得闪存的存储速度更快而且更加牢靠。

保护罩
可保护同计算机相连的USB端口。

内部芯片
信息存储在许多小单元（晶体管）中，这些小单元分成多个组，位于芯片中。不像过去缓慢的存储技术，当在闪存中删除或写入信息时，其过程只是发生在几个单元组中而不是在整个芯片中。

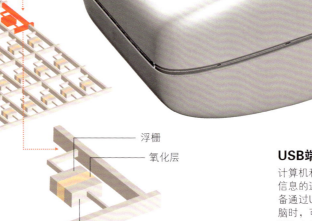

浮栅
氧化层
控制门（控制栅）

1 编码"1"
浮栅与控制门通过氧化层相连。芯片解码成"1"。

2 写入"0"
电流通过浮栅。这就导致了电子沉积在氧化层，从而断开了与控制门的连接。芯片解码成"0"。

浮栅
氧化层
电子
控制门（控制栅）

3 擦除
为了擦去单元组中的内容，需要更强的电流，所有单元回复至"1"位。当载入新信息时，某些单元归为"0"位。

USB端口
计算机和存储器之间交换信息的连接端口。当该设备通过USB接口连接到电脑时，可以通过从电脑上获取电源来工作。

U3

这是一项新的技术，不仅可以将数据存储在闪存装置中，同时还可以携带无需安装便能在主机上运行的应用程序。

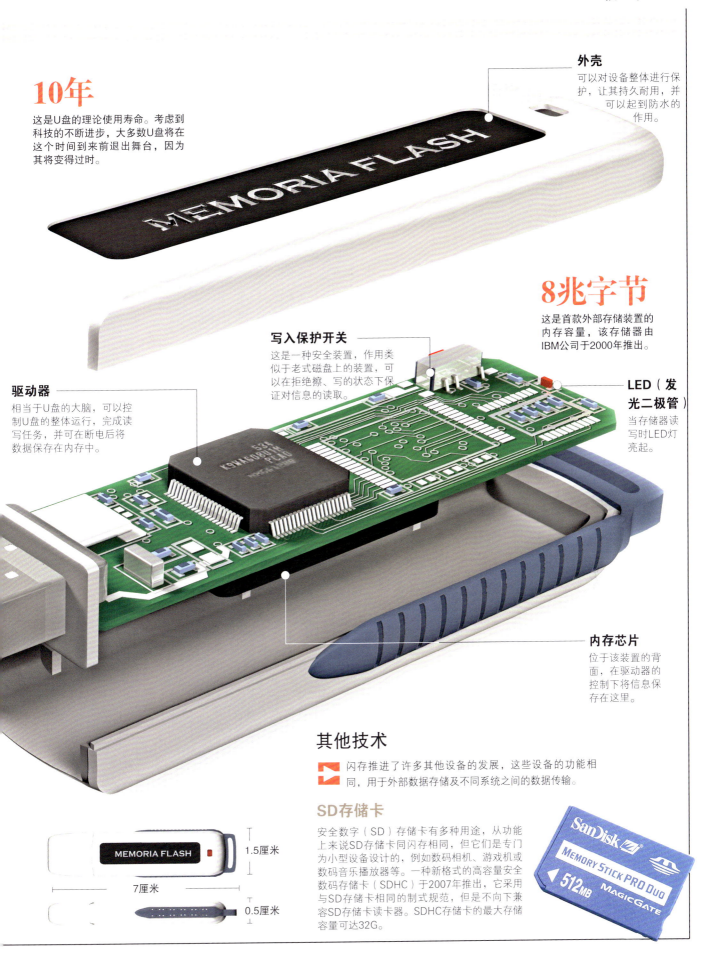

外壳

可以对设备整体进行保护，让其持久耐用，并可以起到防水的作用。

10年

这是U盘的理论使用寿命。考虑到科技的不断进步，大多数U盘将在这个时间到来前退出舞台，因为其将变得过时。

8兆字节

这是首款外部存储装置的内存容量，该存储器由IBM公司于2000年推出。

写入保护开关

这是一种安全装置，作用类似于老式磁盘上的装置，可以在拒绝擦、写的状态下保证对信息的读取。

LED（发光二极管）

当存储器读写时LED灯亮起。

驱动器

相当于U盘的大脑，可以控制U盘的整体运行，完成读写任务，并可在断电后将数据保存在内存中。

内存芯片

位于该装置的背面，在驱动器的控制下将信息保存在这里。

其他技术

闪存推进了许多其他设备的发展，这些设备的功能相同，用于外部数据存储及不同系统之间的数据传输。

SD存储卡

安全数字（SD）存储卡有多种用途，从功能上来说SD存储卡同闪存相同，但它们是专门为小型设备设计的，例如数码相机、游戏机或数码音乐播放器等。一种新格式的高容量安全数码存储卡（SDHC）于2007年推出，它采用与SD存储卡相同的制式规范，但是不向下兼容SD存储卡读卡器。SDHC存储卡的最大存储容量可达32G。

MEMORIA FLASH

1.5厘米

7厘米

0.5厘米

SanDisk

MEMORY STICK PRO DUO

512MB MAGICGATE

数码相机

英语中的"摄影术"一词源于希腊词汇，它综合了"光"与"绘画"两重意义，意思是指"用光绘画"。摄影术是在光敏物质的表面上记录定影图像的技术。数码相机的理论基础是传统摄影术，但是，数码相机并不是将图像固化在涂有光敏化学物质的胶片上，而是将采集的光的强度转换为数据并将数据存储在数字文件中。现代数码相机通常具备多种功能，除照像之外，还能记录声音和视频。●

数字系统

1 图像捕捉

物体

物镜
物镜聚焦图像，折射来自物体的光线，使光线汇聚成为一幅清晰的图像。

光圈
光圈决定进入镜头的光量，通过光圈数值计量。光圈数值越大则光圈开口越小。

快门
快门速度决定曝光时间长度，通常以一秒的几分之一计量。快门速度越快则曝光时间越短。

CCD（光电耦合组件）

数字图像
图像上下颠倒，而且是反相。

代替胶卷的传感器

光电耦合组件CCD是一组较小的光敏二极管（光敏元件），将光子（光）转化为电子（电荷）。除CCD外，数码相机常用的感光传感器元件类型还有CMOS（互补金属氧化物半导体）。

CCD

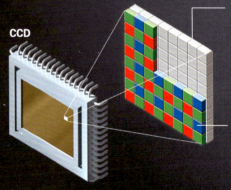

光敏元件
光敏元件是对光非常敏感的元件。照在光敏元件上的光量与聚集的电荷成正比。

滤镜
要生成彩色图像，必须用一系列滤镜将图像分解为以具体数值表示的红色、绿色和蓝色（RGB）。

漫长的演变

暗箱
物体反射的光线穿过一个小孔，然后被投射在盒子里成为一幅颠倒的图像。镜头使光汇聚并聚焦，再用镜子将图像反射到一个平整的表面上，由一名艺术家描下投影的图像。

光敏物质
德国科学家弗利德里克·斯卡尔兹所做的实验证明光会使硝酸银变黑。

光学原理和化学原理相结合
产生图像的方式是将薄板直接放置在光敏纸上，并将它们暴露在阳光下。图像无法定影。

尼瑟福·尼埃普斯
尼埃普斯将一片涂有沥青的锡板曝光8个小时。沥青因曝光而硬化并变白，形成一幅图像。未硬化部分随后被洗掉。

银版照相法
银版照相法是在涂有银并且用碘进行敏感化处理后的铜板上获得精细的图像。图像（单层，并且是正片）用水银蒸汽显影并用食盐溶液定影。

1500年　　　**1725年**　　　**1802年**　　　**1826年**　　　**1839年**

控制拨盘

取景器

LCD液晶显示器

5.0 MegaPixels

外部存储卡

SanDisk
MEMORY STICK PRO DUO
512MB MAGICGATE

镜头

CCD（光电耦合组件）

2 二进制系统处理

为了将光敏元件（模拟）的电荷转化为数字信号，相机使用一个转换器（ADC），转换器为每个存储在光敏元件中的电荷赋予一个二进制数值，将它们存储为像素（色点）。

加色混合

每个像素都由红绿蓝三色的混合值进行着色。改变这三种颜色的比例就几乎能够复制出可见光谱中的任何颜色。

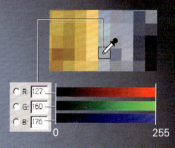

R: 127
G: 160
B: 175

0　　　　255

各种颜色的值可以在0（全暗）到255（最高颜色亮度）之间变动。

分辨率

分辨率用PPI（每平方英寸内的像素数量）计量，这是数码相机能够捕捉的像素数量，这一数字代表图像的大小和质量。

3 压缩和存储

图像经过数字化处理后，微处理器将数据压缩为JPG或TIFF等文件格式存储到记忆卡中。

1.1亿台

这是2006年全世界范围内售出的数码相机数量。

碘化银纸照相法

这种由威廉·塔尔博特发明的照相法是第一种"正片—负片"工艺。曝光持续1~5分钟。从一张负片可以冲洗出无数张照片。

玻璃板

用玻璃板取代纸的做法得到了改良。使用硝酸银对玻璃板进行感光处理，由此玻璃板能够得到负片。曝光只需几秒钟。

彩色

苏格兰物理学家詹姆斯·克拉克·麦克斯韦使用光滤镜产生三张独立的负片，由此得到了第一张彩色照片。

柔韧胶卷

柯达相机使用感光处理后的赛璐珞胶卷。这种胶卷可以拍摄100张照片，曝光时间只有一秒钟的几分之一。

彩色照片

卢米埃尔兄弟完善了在覆盖着不同颜色颗粒的玻璃板上产生由原色小点组成的图像的工艺。

视频照片

索尼公司生产了一种在磁盘上记录图像的单反相机。可以在电视机上观看这种相机拍摄的图像。

1841年　　**1851年**　　**1861年**　　**1889年**　　**1907年**　　**1989年**

全球定位系统

全球定位系统（GPS）能够让用户只需一部小型的手持接收器就可以随时对其所在位置进行定位。刚开始这种设备是为军用目的开发的，现在已经遍及人们的日常生活了。今天这种设备不仅是航船及飞机等交通工具上的必备设备，由于其广泛的用途，很多车辆及运动或科学设备上也均有配备。●

功能

由于GPS是一种动态系统，它可以随时为用户提供实时的移动、方向及速度数据，用途广泛。

1 位置
通过使用三维地理坐标，人们可以确定自己所在位置，误差在2~15米，误差的大小取决于接收器的精度及该时刻探测到的卫星信号质量。

2 地图
利用城市、道路、河流、海洋及空域的地理图对坐标进行外推可以为用户提供动态地图，清晰地显示出用户所在位置及移动情况。

3 追踪
用户可以清楚地知道其当前移动的速度、已走过的路程及所消耗的时间。此外，该系统还能够提供诸如平均速度等其他多种信息。

4 行程
通过使用预设点（沿途停靠点）可以对行程进行编程。旅途中，GPS接收器可以提供诸如到达各个预设点所剩距离、正确的行驶方向及预估到达时间等信息。

下一个沿途停靠点的图标及名称。

到达下一个停靠点所剩距离。

已花费的时间。

下一个停靠点的所在方向。

速度

应用

尽管开始时GPS的设计用途是作为导航系统，但今天它已经具有了其他多种用途，其在工作、商业、休息及体育活动中越来越广泛的应用正改变着我们的活动方式。

体育
GPS设备可以不断通知运动员运动的时间、速度及距离等信息。

军用
用于遥控及导航系统。

科技
用于古生物学、考古学及动物追踪等领域。

勘探
可提供定位服务并能标注出参考点。

交通
航空及航海导航。GPS在汽车上的用途也越来越普及。

农业
为不同地块中各个区域绘制土地肥沃程度地图。

卫星，空中的灯塔

全球定位系统卫星是该系统的核心部分。卫星向GPS接收器发送信号，接收到信号后，接收器对信号进行破译，进而确定其所在位置。该系统包括24颗主要卫星，这些卫星在距离地球20 200千米高度的轨道中运行，这保证了该系统可以完整地覆盖地球表面。这些卫星每12小时绕地球一周。

1 接收器探测到某颗卫星并计算卫星的距离。该距离就是以该卫星为中心所在球体的半径，通过该距离，接收器使用者的位置就可以获得定位了，但是这个所在点的准确位置需要进一步确定。

2 当第二颗卫星被探测到，而且其距离也被计算出来之后，就形成了第二个球体，该球体同第一个球体相交，相交处形成一个圆形。沿着该圆的周长可以对使用者的所在进行定位。

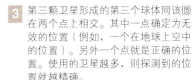

3 第三颗卫星形成的第三个球体同该圆在两个点上相交。其中一点确定为无效的位置（例如，一个在地球上空中的位置）。另外一个点就是正确的位置。使用的卫星越多，则探测到的位置就越精确。

时 钟

基于从卫星接收到的数据，民用GPS接收器也能起到原子钟（世界上最精确的时钟）的作用，但费用比原子钟要便宜数千美元。

计算距离

一旦GPS接收器探测到GPS卫星，接收器要能够精确地计算出接收器相对于这些卫星的距离和位置。

1 在接收器的内存中存有卫星的星历表（该词源自希腊语词，是"每天"的意思），该表中标有每时每刻卫星在天空中的位置。

2 通过对某颗卫星的探测，接收器能够收到高度复杂的开/关脉冲信号，该信号被称为伪随机码。

卫星编码

每颗卫星都有其自身的编码，这能帮助接收器辨认不同的卫星。编码以光速传送。

卫星编码

接收器编码

3 接收器可识别编码，并能够确认往复的精确时间（信号内容包括对接收器时钟的校对）。通过对比，接收器可以确定卫星信号中的延迟，因为知道信号的传输速度，它可以计算与卫星之间的距离。

延迟

每年维护全球定位系统所需的成本为

7.5亿美元。

电子纸

直至数年前，像纸张一样薄，并可任意卷起、折叠的电子屏幕还貌似绝无实现的可能。现在这项技术已经在某些电子书中实现了，并为手表及手机添加了更多的功能。电子纸屏幕的其他优势包括从任何角度及在任何环境中都有着卓越的可视性，即使是阳光直射的条件下，而且耗电量极低。●

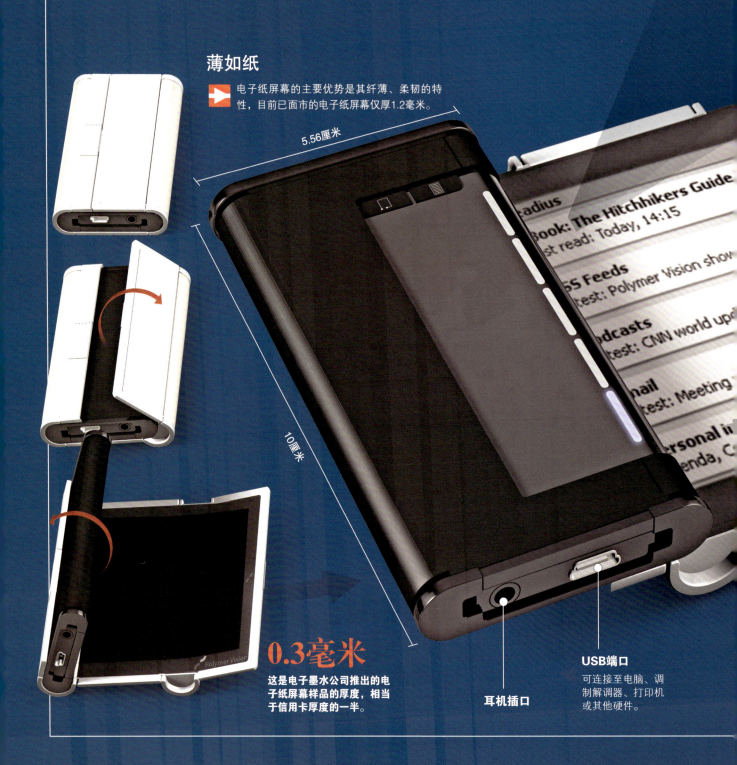

薄如纸

电子纸屏幕的主要优势是其纤薄、柔韧的特性，目前已面市的电子纸屏幕仅厚1.2毫米。

5.56厘米

10厘米

Polymer Vision

0.3毫米

这是电子墨水公司推出的电子纸屏幕样品的厚度，相当于信用卡厚度的一半。

耳机插口

USB端口
可连接至电脑、调制解调器、打印机或其他硬件。

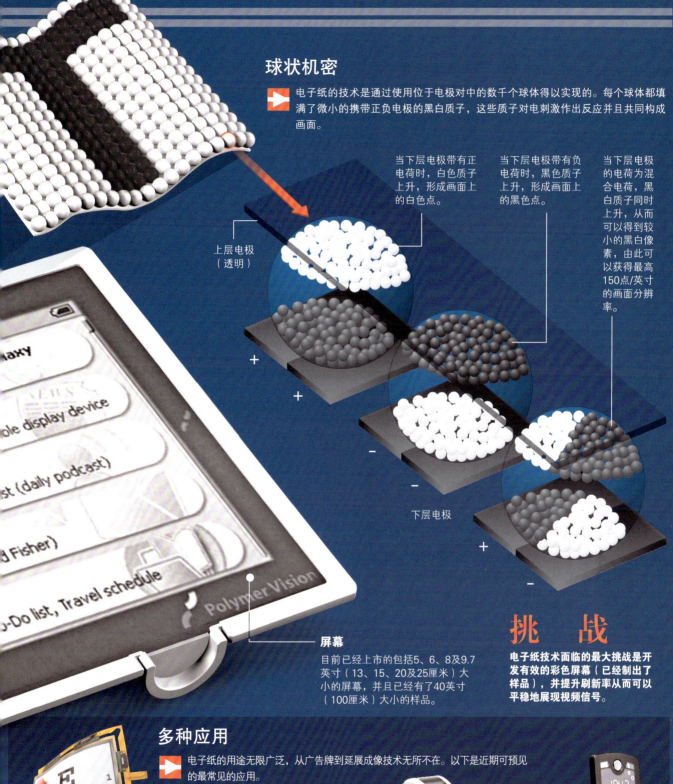

球状机密

电子纸的技术是通过使用位于电极对中的数千个球体得以实现的。每个球体都填满了微小的携带正负电极的黑白质子，这些质子对电刺激作出反应并且共同构成画面。

当下层电极带有正电荷时，白色质子上升，形成画面上的白色点。

当下层电极带有负电荷时，黑色质子上升，形成画面上的黑色点。

当下层电极的电荷为混合电荷，黑白质子同时上升，从而可以得到较小的黑白像素，由此可以获得最高150点/英寸的画面分辨率。

上层电极（透明）

下层电极

屏幕

目前已经上市的包括5、6、8及9.7英寸（13、15、20及25厘米）大小的屏幕，并且已经有了40英寸（100厘米）大小的样品。

挑 战

电子纸技术面临的最大挑战是开发有效的彩色屏幕（已经制出了样品），并提升刷新率从而可以平稳地展现视频信号。

多种应用

电子纸的用途无限广泛，从广告牌到延展成像技术无所不在。以下是近期可预见的最常见的应用。

电子报刊与电子书

这是最有前景的应用领域。电子纸可以像普通纸张一样柔韧，同时还具有电子屏幕的所有功能。

手表

因为有着极佳的图像质量，以及其屏幕的柔韧性，电子纸能够使得各种设计方案得以实现。

手机

单色显示屏具有较佳的图像质量，即使阳光直射的环境下也不会影响阅读。

三维立体打印机

近年来三维立体打印机的面世使大型工业模塑机变得更加便宜、实用。其大小相当于或小于复印机，能够快捷轻松地制造出各种三维物品，特别是模塑产品，类型从简单到复杂，十分广泛，近来甚至于还出现了彩色打印产品。三维立体打印机通过电脑控制，使用三维模塑软件，并且能够重复利用废旧物品，因而十分高效节能。●

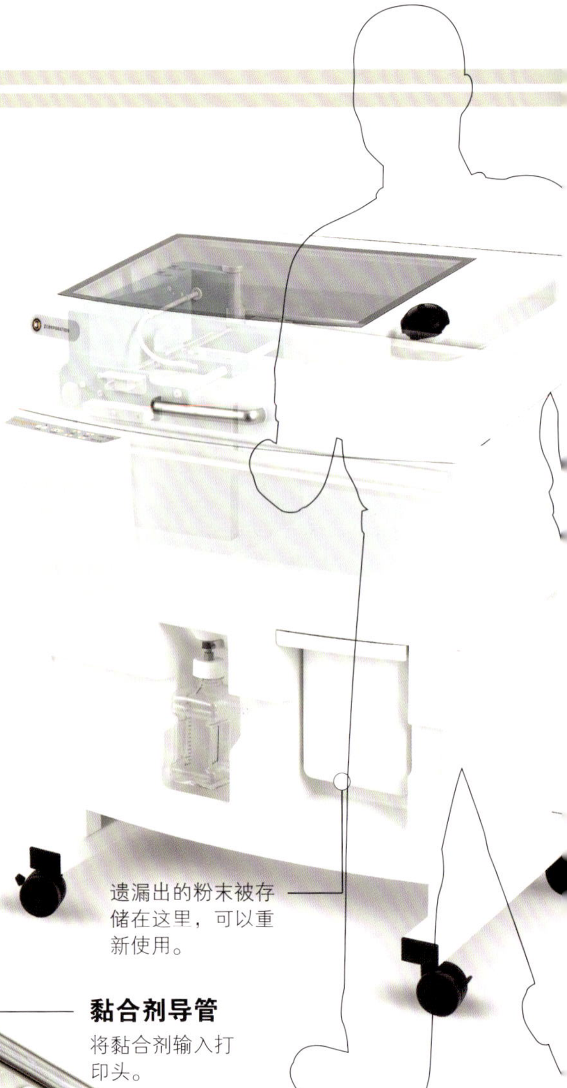

打印机

可以制作长20~30厘米的三维立体物品，主要取决于模型的种类，使用特殊的精细颗粒粉末及类似胶水一样的黏性物质为原材料。

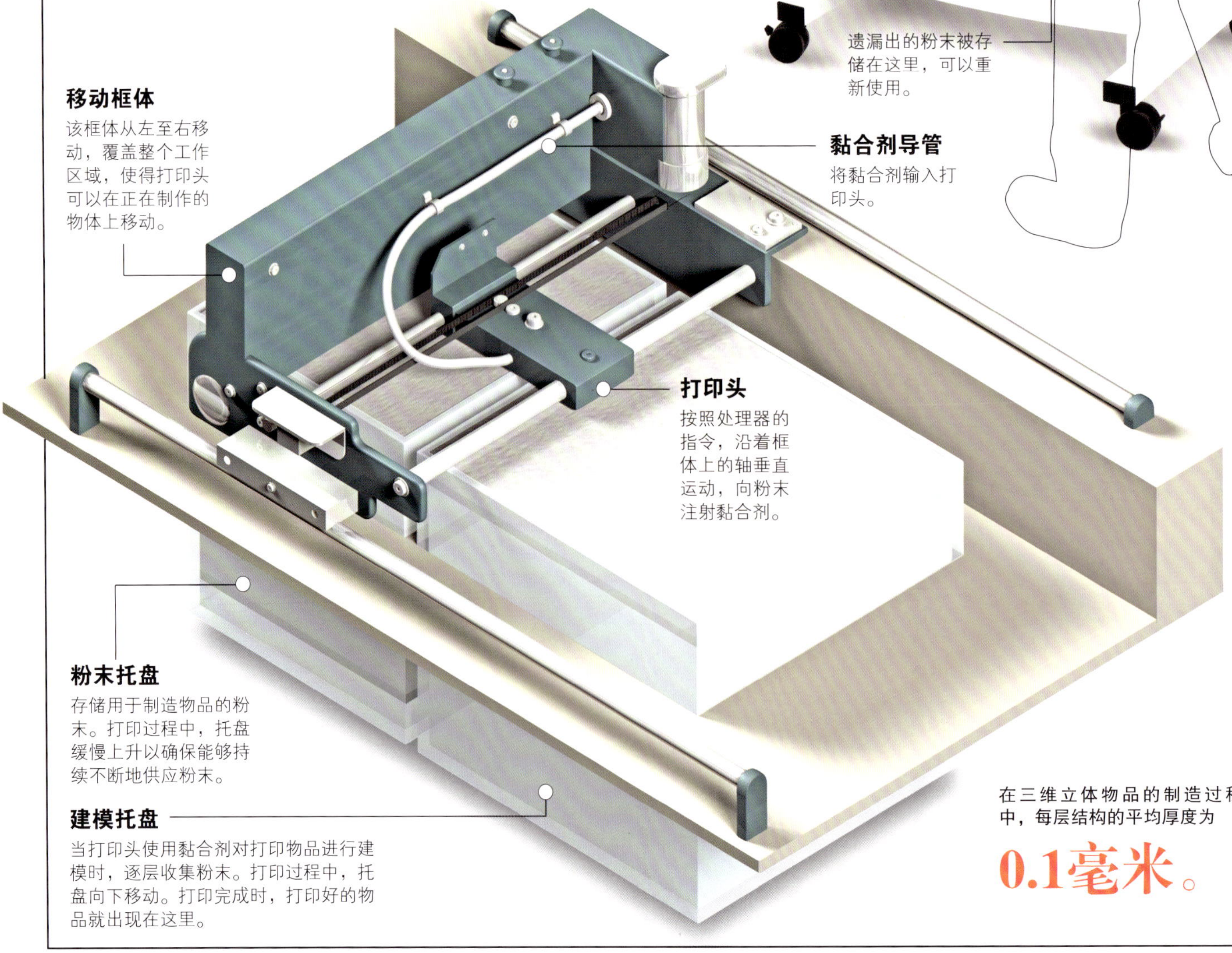

遗漏出的粉末被存储在这里，可以重新使用。

移动框体
该框体从左至右移动，覆盖整个工作区域，使得打印头可以在正在制作的物体上移动。

黏合剂导管
将黏合剂输入打印头。

打印头
按照处理器的指令，沿着框体上的轴垂直运动，向粉末注射黏合剂。

粉末托盘
存储用于制造物品的粉末。打印过程中，托盘缓慢上升以确保能够持续不断地供应粉末。

建模托盘
当打印头使用黏合剂对打印物品进行建模时，逐层收集粉末。打印过程中，托盘向下移动。打印完成时，打印好的物品就出现在这里。

在三维立体物品的制造过程中，每层结构的平均厚度为

0.1毫米。

电算化造型

三维立体打印技术通过逐层累计的方法来塑造物品，从下至上循序塑造。这是一个缓慢的过程，但比传统塑模方式要快捷经济。

1 设计
在计算机屏幕上，利用3D建模程序进行创作。

2 基座
打印头将一层精细的粉末喷入建模托盘。

粉末托盘

粉末

建模托盘

粉末托盘

3 打印过程
速干黏合剂随后被注射在每层粉末表面。这个过程在制造物体的每一层时都不断重复。

建模托盘

粉末托盘

4 完成阶段
一旦作品完成，将被从建模托盘中移出。最后向模型滴入各种液体使其达到所需的硬度。

家庭打印机

因为三维立体打印机价格昂贵，所以一般只在大型公司中能够看到它们。然而，Fab@home项目旨在让用户以低廉的价格制造他们自己的打印机，同时可以使用多种原料如塑料、巧克力、奶酪等加工三维立体产品。

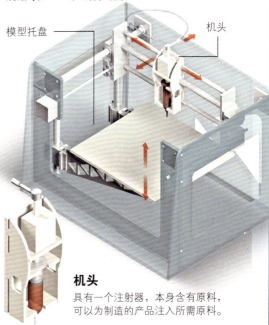

模型托盘

机头

机头
具有一个注射器，本身含有原料，可以为制造的产品注入所需原料。

打印过程

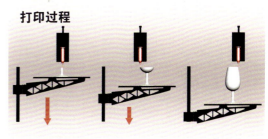

不再需要粉末等作为三维模型基础，机头在移动的平台上逐层完成物品。该过程较慢，但十分经济实惠。

色彩

新的三维立体打印机整合了4种黏合剂机头——青色、黄色、洋红色、黑色，这使得其能够制作出彩色的立体物品。

条形码

如果没有条形码的出现，全球商品市场不太可能达到现在的发展规模。条形码是一种双色标签，特定产品的某些信息以编码形式存于其中，利用光学扫描仪，仅需不到1秒钟的时间就能对产品加以识别。尽管条形码主要是在购物时进入我们的视野，但是其在物流、运输及商品的分销等方面有着广泛的应用。●

快速阅读

条形码的必备伴侣是光学阅读器或扫描仪，这些设备能够在不到1秒钟的时间里读出编码中的产品信息。

1 将产品尽量垂直面对阅读器，这样激光束才能够扫描到条形码。

2 阅读器发射出的红色激光能够对编码进行扫描。黑色条吸收红光，而白色条将红光反射出去。

3 阅读设备迅速捕捉到反射光线，并将信号送至解码器。解码器将条形码转换为二进制的数字编码，而后再转换成十进制码。

4 处理器将数字编码同数据库中的编码进行比较从而识别出产品。当识别出产品后，处理器获得其他未曾包含在条形码内的信息，如产品价格和名称。

多种应用

条形码最让人熟知的应用就是在超市的结账台处对商品的扫描。然而，它还有着其他的用途：

- **–质量管理**
- **–生产控制**
- **–货物追踪**
- **–运输与接收**
- **–订货与再存储**

2 激光

误差率

平均每读100 000次条形码会产生1次错误。

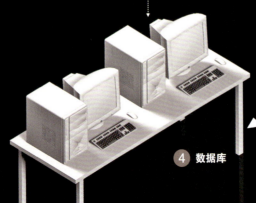

4 数据库

结账台

1972年

这一年条形码首次在超市的结账台被使用。该超市是美国俄亥俄州辛辛那提市的一家克罗格连锁店。

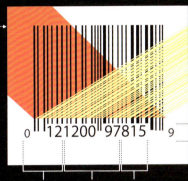

①

③ 读取装置

反射镜

编码

通过使用一系列不同宽度的条形及留白处对13位数字进行编码。该数字包括3种类型的数据信息：产品原产地、生产商及产品特点。同时还有一位校验数字。

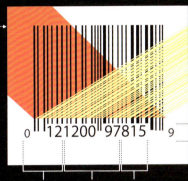

条形和留白
阅读器发射出的红色激光对编码进行扫描。黑色条形吸收红光，而白色条形将光反射出去。

校验数字
通过扫描到的前12位数字可以得到一个数学公式，这能使系统可以探测到是否出现了欺诈或传输问题，或读取错误。

识别原产地的数字　识别生产商的数字　识别产品项目的数字

符号学
13位数字中的每一个数字都构成一个利用二进制系统编码的数字，二进制系统中只有1和0。条形和留白处的宽度能够被定义为1和0。

宽条：1
窄条：1
宽留白：0
窄留白：0

静止区域
这是一个空白区域，可以让阅读器将编码同产品商标上的其他内容区别开来。

编码区
包含原产地、生产商及产品信息等信息内容。

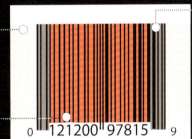

起始/终止条
这些条形中没有编码数字，它们的作用只是为了显示编码的起始和终止。

颜色与反差

条形和留白处的颜色必须产生强烈反差，这样扫描仪才能读出条形码。然而，除了黑白编码，条形码也可使用其他颜色组合。

适用的颜色组合

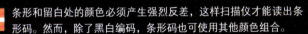

黑色和白色

蓝色和白色

绿色和白色

黑色和黄色

黑色和橙色

黑色和红色

不适用的颜色组合

黄色和白色

红色和白色

黑色和绿色

黑色和棕色

红色和金色

蓝色和绿色

其他编码

当今世界上最为流行的就是EAN-13条形码。其他编码（甚至是二维编码）可以用来写入一些其他活动的信息。

二维编码

矩阵码

突破性发明

在 科技发展史上，有很多发明的出现具有划时代的意义，极大地改变了我们的世界以及我们对世界的认知。诸如计算机、汽车等许多发明实现了人类数千年的梦想。而其他一些发明，如互联网与移动电话，则改变了我们的

带摄像头的手机
今天，手机上已经配备了高品质的数码摄像头，手机屏幕可以显示高达1 600万种色彩。

沟通方式，拉近了人们的距离。微芯片和纤维光学等技术的突破带来了科学与艺术的巨大进步，反过来说，科学的进步又推动了新技术的产生。诸如触摸屏等其他一些技术已经变成了我们不可或缺的工具。●

汽车

相对来说，想象出最初的"不用马来拉动的车"的先驱者所处的时代距离现在并不算久远。然而汽车已经被证明是人类最重要的发明之一，因为在今天根本无法想象没有汽车的世界。尽管汽车在效率和舒适度方面都已经发生了巨大的演变，但其运行原理和驾驶技术自1885年卡尔·本茨展示他用内燃机驱动的三轮车以来并没有多少改变。●

四冲程循环

▶ 内燃机将燃料的化学能转化为机械能，从而使机器运转。现代小汽车的发动机通常以四冲程循环的方式运转。

25%

这是内燃机的平均效率。换句话说，燃料燃烧产生的化学能只有25%被转化为了机械能。

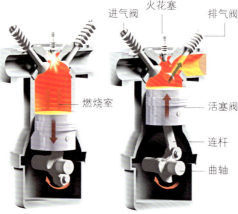

进气阀　火花塞　排气阀

燃烧室

活塞阀

连杆

曲轴

第一冲程（吸气）
活塞下降，进气阀打开，让燃料与空气的混合体进入。

第二冲程（压缩）
当活塞达到最低点时，进气阀关闭。活塞随即开始第二冲程：随着活塞的上升，燃料与空气的混合体被压缩。

第三冲程（点火）
当燃料与空气的混合体达到最大压缩状态时（这时混合体具有高度可燃性），火花塞产生的火花会触发燃烧。燃烧的气体迅速膨胀，并将活塞向下推，产生能量。

第四冲程（排气）
排气阀打开，放出随着活塞再次上移而被推出的燃烧后的废气。当活塞到达顶点时，排气阀关闭，进气阀打开，循环再次开始。

汽缸的排列方式

直列
这种发动机结构简单，就空气冷却而言效率较高，但需占据较大的空间。

V型排列
以这种方式排列的汽缸工作表现类似于直列式发动机，但这种发动机体积较小，或者可以在相同的空间中使用更多汽缸以得到更大的动力。

演变

▶ 机动车的历史充满了里程碑式的事件，这里将其中最重要的一些罗列如下。

1769年

第一辆可以自动推进的机动车被认为是由法国发明家尼可拉斯–乔瑟夫·库格诺特于1769年设计完成。这辆车由蒸汽驱动，重2吨，速度达到8千米/小时。

1885年

德国工程师卡尔·本茨制造出了一辆由内燃机驱动的三轮车。这辆三轮车是第一辆以汽油为燃料驱动的机动车。

1908年

亨利·福特推出了他的福特T型车，这是第一款走入寻常百姓家的汽车。在世界范围内曾售出1 500万辆T型车。

1938年

大众汽车甲壳虫车型发布，成为历史上最畅销的汽车之一。这款车在1938~2003年间生产，售出2 100万辆。

1959年

沃尔沃"亚马逊"车型成为第一款将安全带作为标配的汽车。在此三年之前，福特汽车曾提供安全带作为选配部件。

1971年

在"阿波罗15号"任务中，月球车成为第一辆在月球上行驶的机动车。

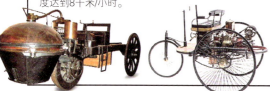

汽车部件

⚡ 无数的电子、机械和液压设备共同协作，使现代汽车变得舒适、可靠并且易于驾驶。

发动机
这是将燃料的化学能通过燃烧转化为机械能的地方。

仪表盘
为司机提供行驶速度、发动机转速、发动机温度、燃油存量、油压和电池电量等信息。

齿轮箱
通过齿轮连接发动机和传动系统，实现牵引力的增加或减小，由此进行车辆的加速和减速。齿轮箱中还有一个倒档位。

燃料箱
存储用于驱动车辆的燃料。

悬吊系统
使用一套弹簧系统和液压减震器吸收由不平整表面产生的震动效应。

传动系统
将发动机产生的机械能传递到车轮上，从而驱动车辆行驶。

底盘
使汽车具有坚固性，是形成汽车结构的基础，支撑多种设备和系统。

转向系统
通过传动系统将方向盘与前轮连接在一起，以使车辆转向。

制动器
使用碟盘或刹车带产生摩擦力以使车轮停止转动。

电池
产生发动机车辆和驱动照明、收音机、燃油泵等系统所需的电能。车辆行驶时，这些系统由交流发电机驱动。

散热器
新鲜空气通过散热器的通风口使水或水混合物冷却，冷却后的水或水混合物随后用于冷却发动机。

替代燃料

⚡ 因为汽油是一种不可再生并且具有污染性的能源，故而人们已经开展了数十年对替代燃料的研究，但迄今很少有替代燃料能够得以大规模使用。

1997年
"超音速推进号"打破了音速屏障，达到1 229千米/小时，由两台劳斯莱斯喷气式发动机驱动。

生物燃料
这些燃料通过发酵农作物进行生产，如玉米、大豆或甘蔗。一般说来，使用生物燃料只需要对发动机进行小幅度改装，这项工作逐渐由新车的制造商完成。

氢气
这是另一种清洁而可再生的燃料，但是借助氢气运行的汽车在如何取得燃料的问题上还存在一些局限性，这就使得对氢气汽车的使用仅限于内部配备了氢气燃料供应站的单位。

电力
类似于氢气，这是一种清洁而可再生的燃料，但电力汽车有行程上的限制，所以其吸引力并不大。

太阳能
用于电力汽车，由来自太阳的能量驱动汽车，但时至今日还处于试验阶段。

摩天大厦

新材料的开发——尤其是高性能混凝土和钢筋——使得建筑物能够被设计和建造到过去从未企及的高度。对于建造巨型摩天大楼的建筑师和工程师而言，最大的挑战在于保证提供周到细致的服务。从电梯系统到燃气和输水线路，再到复杂的应急系统，都必须考虑在内。除此之外还有一个新的问题要解决：如何让建筑物的结构在潜在恐怖袭击之后更加稳固，尤其是2001年9月11日发生在美国纽约的恐怖袭击之后，这个问题更加凸显。●

从地面到天空

摩天大楼的建造开始于在地上挖出一个大坑。这种钢筋混凝土的地基，对风的侧向抗力以及可能的地震，考虑到整幢整栋大楼的重量，筑支撑整栋大楼的地基，用以构。

核心

为摩天大楼提供劲的侧向抗力。它也是由混凝土和钢筋构成，并且通常包含用于服务的部分（电梯，楼梯等）。

1 钢筋混凝土地基由一系列基座构成。每个基座支撑一根主要的柱子。

地基

由混凝土层以及由非常坚硬的钢材制成的横梁和钢板构成。这些结构建设在地下，支撑主要的支柱。

钢柱

钢板

钢梁

混凝土地基

2 建筑物的重量落在由高性能的钢筋混凝土制成的支柱上。

钢筋混凝土

是现代建筑中使用的基本材料。它包括一层混凝土和为其增加承受力的内部钢结构。

哈利法塔

◢ 是世界上最高的建筑物，位于阿拉伯联合酋长国的迪拜。它的高度为828米。

技术参数

● 高度：800~1 000米

● 楼层：162层

● 电梯：速度为1 050米/分钟或65千米/小时（将是世界上最快的电梯）

● 结构：高性能的钢筋混凝土

● 外墙：具有日光滤波功能的玻璃、铝和不锈钢

● 混凝土用量：260 000立方米

● 螺纹钢用量：34 000吨

● 预期成本：8.76亿美元

● 重量：建筑物的重量将将等于100 000头大象的重量。

柔韧性

强风可能造成高层摩天大楼摇晃。迪拜塔就其高度而言，将尤其容易因这种现象而受损。

与高度对应的摇晃程度

605米	1.5米
570米	1.25米
442米	0.75米
375米	0.5米

940立方米

这是满足迪拜摩天大楼日常用水所需必需的供水量。

结构

建筑物的地基设计为方形。除了提供结构性强度来承受风以外，这种设计还提供了更大的面积用来设置窗户。在开工之前，根据当地的主要风向对整个结构进行了旋转，以降低结构性压力。

核心

样板层平面图
单元/房间分布

转角单元：184平方米

总面积（不包括走廊和公共区域）：2 073平方米

- □ 大堂和服务区
- □ 单元/房间
- 区 电梯
- ▦ 紧急出口

连接

横梁和主要支柱通过螺栓、焊接、铆钉、混凝土组件或这些技术的综合应用而连接在一起。

混凝土

高性能的混凝土使用更加精细的微粒并添加特别的化学物质制成。由于它的承受力更强，混凝土的需要量相对减少。

③ 支柱与主要支柱
钢梁与混凝土共同构成摩天大楼的框架。

④ 最后，在框架上修建幕墙。典型的幕墙由玻璃面板制成，也可以使用其他材料。

世界上最高的建筑物

当今世界上最高的建筑物的高度为300~500米。

帝国大厦（美国）381米
世贸中心（美国）417米（已于2001年被毁）
金茂大厦（中国）420米
威利斯大厦（美国）442米
双子塔（佩特罗纳斯双子塔）（马来西亚）452米
台北101大楼（中国台湾省）508米
迪拜哈利法塔（阿拉伯联合酋长国）828米

哈利法塔不确定的第一地位

如果计划中的帆船酒店（也在迪拜，计划建造高度1 200米）的建设继续进行，哈利法塔创下的记录很可能是短命的。

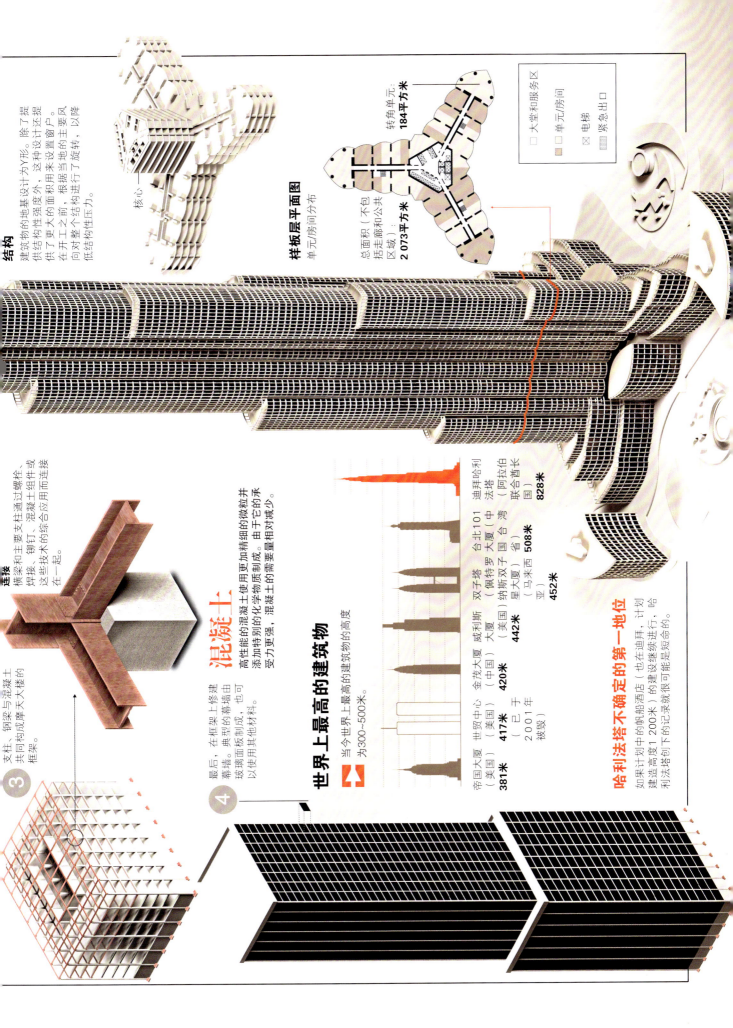

微芯片

尽管它很微小，但它是计算机系统的大脑，它是使计算机各个部件按照协调的方式工作的智能系统。第一个微芯片出现在40年前，从那时起，芯片功能在不断加强，同时其尺寸在不断变小。专家们现在正在努力开发分子仪器，用来将微芯片的潜能开发到前所未有的程度。●

世界上最小的大脑

人类开发出来的由数百万个电器元件组成的复杂集成电路被装配在只有数平方毫米的空间内。微处理器是基于"逻辑门"概念工作的，所使用的"语言"是一长串的二进制单调数字：1和0。1和0的区别可能只是简单的某一电流的存在或缺失。

6 000次

这是英特尔4004处理器每秒钟进行的运算次数，该处理器是第一代微处理器。今天的处理器的计算能力能达到每秒数以亿计。

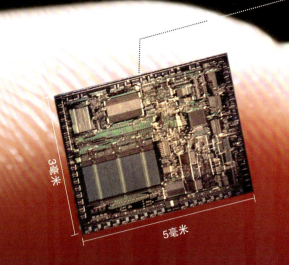

3毫米

5毫米

名人堂

通常，当新处理器问世后，计算机的效率及处理能力将会倍增。然而，它们中的某些产品代表了计算机进化过程中的里程碑。

1971年	1975年	1976年	1978年	1985年
英特尔4004	**MOS 6502**	**Zilog Z80**	**英特尔8086**	**英特尔80386**
这是首款上市的单芯片微处理器。这款4位元的英特尔4004处理器直至1974年才被英特尔8008所取代。英特尔8008采用了3 200个晶体管。	该芯片一面世便带来了一场高性能、低价位的革命。MOS 6502及其接下来的继任者成为大名鼎鼎的苹果二代（Apple II）计算机的雅达利视频游戏控制台部件，以及取得了巨大成功的Commodore 64家用电脑的核心部件。	这款8位元的微处理器在上世纪80年代风靡一时，当它作为Spectrum与Sinclair家用电脑的核心处理器出现在市场上时，成为很多人初步接触电脑世界的桥梁。	该款16位元处理器采用了29 000个晶体管，这是第一款基于x86架构的处理器，同时也可能是历史上使用x86架构的微处理器中最成功的一款。该款处理器成为了著名的国际商用机器公司IBM个人电脑的核心处理器。	也被称作i386，使用了275 000个晶体管，这是首款32位元微处理器。事实证明该款处理器具有革命性的创新意义，特别是在多任务处理方面的优越性能，其为英特尔公司带来巨大的商业成功。

小型电路

▶ 这个纤薄的芯片上包含了大量（数以亿计）的互联微电子元件，主要为二极管和晶体管以及中性元件，如电阻器和电容器。

微电路
由数以千计的磁道构成，它们决定了微处理器中电流的走向。

基板
在微处理器电路中起着基底及绝缘的作用。

连接点
在这些点上，电路与位于基板背面的元件相连。

磁道

18个月

这是依据"摩尔定律"，微处理器上的晶体管数量增加一倍所需要的时间，事实证明该预测至今十分精确。

微处理器连接器
通过精微电线将微处理器同插针网格阵列（PGA）连接器网络相连。

插针网格阵列（PGA）连接器网络
插入主板上的CPU（中央处理器）基座，在底座与微芯片间起到桥梁的作用。

32个

这是英特尔于2010年推出的中央处理器的内核的数量。

微处理器

↓

主板基座

1993年

英特尔奔腾
它的到来让整个市场都为之动容，其平均性能超越了其前辈——i486五倍左右。同时，该款处理器也是英特尔公司基于市场原因首次以名词而非数字命名的处理器。

2006年

英特尔酷睿
该款处理器具有两个执行内核，从而全面提升了其处理多任务的能力。其具有1.51亿个晶体管，这是英特尔生产的首款被苹果Mac计算机采用的中央处理器。

纳米芯片

▶ 尽管我们无法猜测未来芯片的功能有多强大，但是从发展趋势来看，毫无疑问，未来的芯片将比今天的芯片能力强大数千倍。

英特尔45纳米制程技术

由于元件在变得越来越小，英特尔公司在2007年宣布已开发出45纳米大小的晶体管，这个尺寸只有人的头发直径的1/2 000。此外，这项最新技术的奇迹之处在于，可以在1秒钟内完成3 000亿次的开/关循环（1/0）。未来的处理器中的纳米级元件将把当前计算机的能力提升数百万倍。

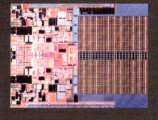

计算机

从占据几个房间的大型计算机到今天的家用型和笔记本型计算机，计算机已经使我们看待世界和与世界交流的方式发生了变革。今天，无论是娱乐、工作、学习还是沟通，我们的日常生活处处体现着信息技术。已经处在开发之中的量子计算机和所谓的分子计算机都是使用DNA作为电路基础的生化计算机，它们能够进行自我复制。●

笔记本电脑
笔记本电脑与台式机具有基本相同的功能，配有充电电池，尺寸更小。

个人计算机

个人计算机由多种相互连接的设备（硬件）和程序（软件）组成。其核心是安装在主板上的一个非常强大的微处理器，用来管理计算机上的所有设备并进行数据运算。

程序
是与用户关系最密切的组成部分。程序也称为应用软件，它让用户能够完成各种工作，如处理文本和图像、进行运算、管理数据库以及使用互联网等。

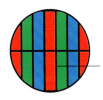

显示器
显示器上显示出的图像由称为像素的微小单元构成，这些像素通过光原色——红、绿、蓝的叠加来表现丰富的色彩。目前显示器的分辨率可以达到1 920×1 200像素甚至更高。

操作系统
Windows（视窗）是最常用的一种操作系统，它使用可视化的图标、文件夹和窗口，以方便与用户的交互方式展现系统应用。

接入装置

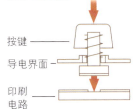

按键

导电界面

印刷电路

键盘
通过发送编码信号到微处理器的方式输入信息（数字、字母和符号）。当按键被敲击时，一次接触就告完成。

底面
1个摄像头记录移动情况。

1个发光二极管为鼠标的下表面提供照明。

光学鼠标
控制光标在电脑图形界面上的位置。它记录鼠标的移动情况并计算移动的相应坐标。

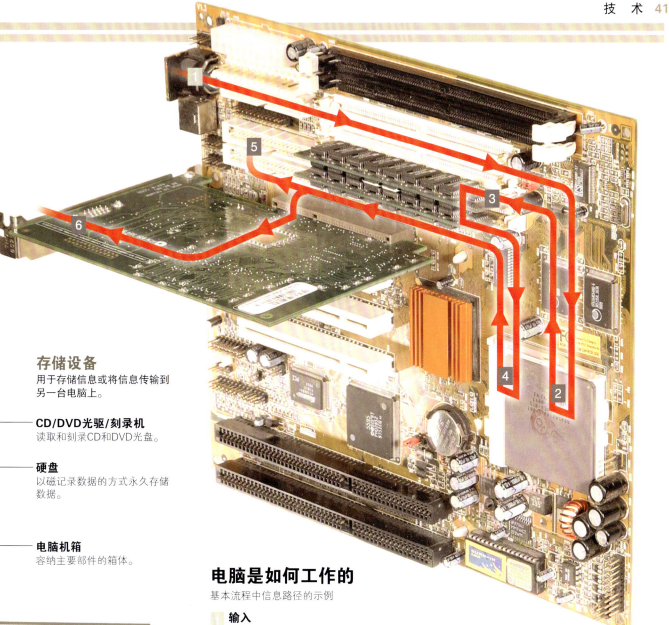

存储设备
用于存储信息或将信息传输到另一台电脑上。

CD/DVD光驱/刻录机
读取和刻录CD和DVD光盘。

硬盘
以磁记录数据的方式永久存储数据。

电脑机箱
容纳主要部件的箱体。

连接头
用于连接各种外部设备，如调制解调器、扫描仪或打印机。

USB端口
（通用串行总线端口）

并行端口

电脑是如何工作的
基本流程中信息路径的示例

1 输入
数据通过键盘、鼠标或调制解调器等外部设备进入电脑，由适当的电路进行解译。

2 微处理器
控制所有的电脑功能，处理输入的数据，执行必要的数学和逻辑运算。

3 缓存
临时存储微处理器使用的所有信息和程序。

处理
数据可能数次来回于中央处理器和缓存之间，直到处理完毕。

5 存储
数据被发送到存储设备（例如硬盘）。

输出
显示器上显示的信息通过显卡进行运算和更新。

核心组件

主板
连接所有其他硬件的主印刷电路板。

只读存储器
用于存储电脑的基本启动指令。

扩展槽
用来插入电路板以接纳更多设备。

互联网

互联网就是一个世界范围的网络，使各种相互连接的电脑可以通过互联网交换信息。互联网的社会影响可以与印刷机的发明相媲美，它让信息的自由交流和从全世界的任何地方访问网络成为可能。随着博客的出现，编辑业和新闻业的世界开始民主化，因为似乎每个人都可以发表自己的文字、图片和观点。●

互联网是如何建立的

互联网是一个世界范围的网络，每个人通过服务供应商参与其中，而服务供应商使用其电脑"服务器"收取、存储和分发信息。使用者的电脑通过多种方式、程序和设备与互联网进行连接。

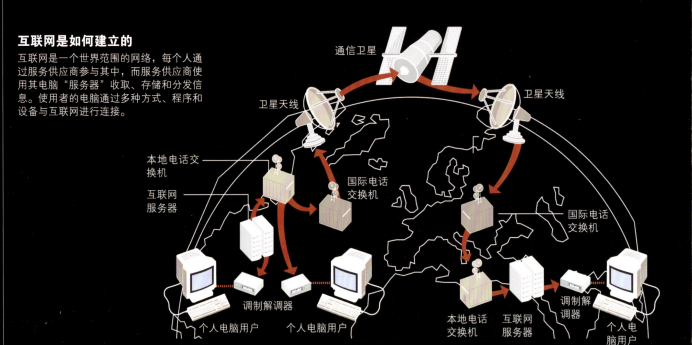

通信卫星

卫星天线

卫星天线

本地电话交换机

互联网服务器

国际电话交换机

国际电话交换机

调制解调器

个人电脑用户

个人电脑用户

本地电话交换机

互联网服务器

调制解调器

个人电脑用户

浏览器

是一种程序，允许用户看到互联网上的文件，以及使用超文本传输协议（HTTP）从一个文件转到另一个文件。最常见的浏览器如Internet Explorer（互联网浏览器）、Netscape（网景）和Firefox（火狐）等。

网站或网页

包含用超文本标记语言（HTML）结合其他更复杂的语言（如Java和Flash动画）编写成的一系列文件。

电子邮件

通过电子邮件服务器从一台电脑转移到另一台电脑。电子邮件可以携带附件，如照片或文本文件。

搜索引擎

用于查找互联网上提供的信息。它们就像由环游在网络收集信息的机器人不断更新的数据库。最常用的搜索引擎是谷歌和雅虎，它们也为用户提供其他服务，如电子邮件和新闻资讯等。

聊天

这项服务允许一组用户实时地相互交流。最初只能采用书面形式，现在已经能够通过摄像头和麦克风进行音频和视频聊天了。

网络电话

是一种通信系统，允许电脑与世界上任何角落的普通电话通讯，可以规避通常的电话费。网络电话要求有互联网连接和支持这种通讯的程序。

传输信息

互联系统在内部共享信息，也可以与外部用户共享信息，由此构成信息网络。信息通过这种网络从一台电脑转移到另一台电脑。

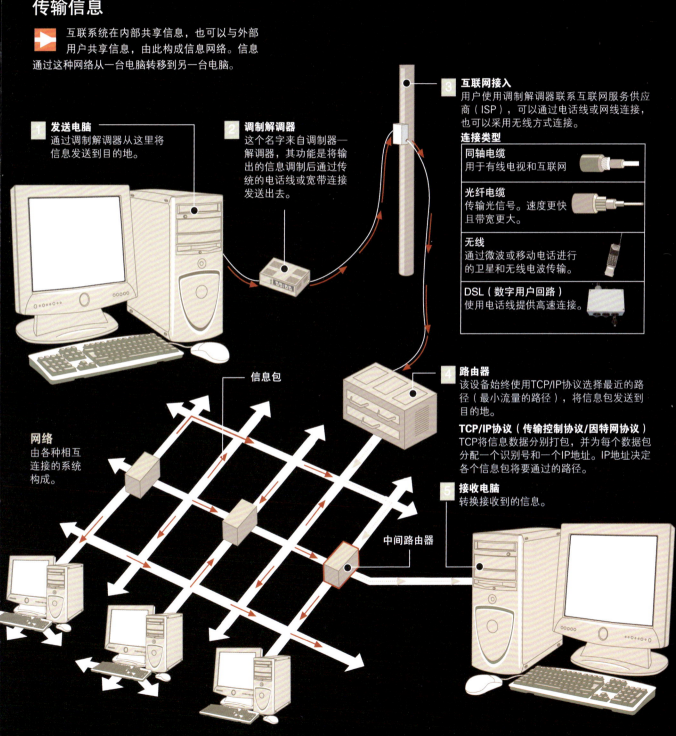

① 发送电脑
通过调制解调器从这里将信息发送到目的地。

② 调制解调器
这个名字来自调制器——解调器，其功能是将输出的信息调制后通过传统的电话线或宽带连接发送出去。

③ 互联网接入
用户使用调制解调器联系互联网服务供应商（ISP），可以通过电话线或网线连接，也可以采用无线方式连接。

连接类型

同轴电缆
用于有线电视和互联网。

光纤电缆
传输光信号。速度更快且带宽更大。

无线
通过微波或移动电话进行的卫星和无线电波传输。

DSL（数字用户回路）
使用电话线提供高速连接。

信息包

网络
由各种相互连接的系统构成。

④ 路由器
该设备始终使用TCP/IP协议选择最近的路径（最小流量的路径），将信息包发送到目的地。

TCP/IP协议（传输控制协议/因特网协议）
TCP将信息数据分别打包，并为每个数据包分配一个识别号和一个IP地址。IP地址决定各个信息包将要通过的路径。

⑤ 接收电脑
转换接收到的信息。

中间路由器

移动电话

很少有发明会像移动电话这样具有如此广泛的影响。仅仅二十几年间，移动电话已经遍布全世界，对于发达国家的人们而言几乎是不可或缺的工具，年销售量已经超过10亿部。最新型的移动电话除了小巧、便携和轻便外，也是真正的移动工作站，已经远远超越它们最初只是随时随地联系用户的原始功能。●

通讯

供应商将一块区域划分成包括多个蜂窝基站的系统。每个基站都有1根天线，用于侦测其区域内的移动电话，并通过电话的唯一编码识别该电话。

2 **交换机**
交换机维护着一个涵盖所有已开机的移动电话，以及这些移动电话的蜂窝基站位置的数据库。它随后定位被叫方的位置，并将信息传送到合适的蜂窝基站。

1 **呼叫**
拨打一个号码时，当地蜂窝基站的天线会识别呼叫人和被叫人。天线随后将这些信息传送到交换机。

780克

这是摩托罗拉DynaTAC 8000X移动电话的重量，它是第一款商业型移动电话。很多最新型号的移动电话的重量都小于50克。

移动电话的演变

自第一台移动电话于1983年上市以后，移动电话的体积一直在缩小，同时它们也被加入了很多新的功能，如互联网连接、拍照和摄像、电话会议以及播放音乐和视频等多媒体功能。

1983年
摩托罗拉
DynaTAC 8000X
第一部移动电话。

1993年
西蒙个人通讯机
第一部PDA（掌上电脑）/移动电话。增加了计算器、日历、地址簿等应用程序。

1996年
摩托罗拉
StarTAC
第一部翻盖式移动电话。移动电话开始具有设计美感。

1999年
诺基亚7110
首批使用无线应用协议（WAP）的移动电话之一。

1999年
夏普J-SH04
第一部配备了拍照功能的移动电话（仅在日本发售）。

2000年
三星
SCH-M105
第一部具有MP3播放功能的移动电话。

2001年
京瓷
QCP6035
第一部兼具掌上电脑功能的移动电话

移动之中

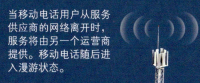

蜂窝基站侦测移动电话的移动情况，信号在一个基站减弱，就会同时在另一个基站变强。这种移动可以实现无缝通信，甚至在从一个蜂窝基站向另一个蜂窝基站高速移动时也是一样。

当移动电话用户从服务供应商的网络离开时，服务将由另一个运营商提供。移动电话随后进入漫游状态。

国际呼叫

与固定电话的情况相同，借助于卫星实现移动电话间的国际通话。

3 连接

由本地蜂窝基站天线建立与所要求的移动电话之间的通话。

智能移动电话

除了作为一部电话，并具有日历、计算器和相机等传统功能外，智能移动电话还加入了高级计算能力，用于通过Wi-Fi连接到互联网，以及通过蓝牙技术连接到其他设备。

30亿

这是全世界移动电话用户的大概数字。这个数字几乎相当于全世界人口的一半。

2001年
松下P2101V
首批第三代移动电话之一（具有视频会议功能）。

2005年
摩托罗拉ROKR
第一部装有iTunes（苹果公司的一款数字媒体播放应用程序）的移动电话。

2007年
iPhone
具有3.5英寸（8.9厘米）触摸屏和Wi-Fi网络连接功能。

纤维光学

某些简单的基础光学原理已经帮助研究人员开发出了今天最为广泛且高效的信息传输系统。光纤不仅比传统的铜线经济、质量更轻、用途更广，并且能以更快的速度传输更多的数据。数据转化成光信号脉冲，通过和人的头发差不多粗细的纤维传送。医学领域是纤维光学大显身手的另一个地方，它能够在创伤手术和检查过程中将病人的痛苦降至最低。●

0.1毫米

这是光纤的直径，相当于人的头发粗细。

"发光"缆线

有一种被称为"全反射"的现象，可以通过极细的玻璃或塑料管（纤维）将光传至很远的地方，且传输过程中的损耗极小。此类纤维也可以捆扎成束形成电缆。

全反射

这是一种光学现象，当两种物质具有不同的折射率，而且一束光线以某一特定的入射角度射入时，会发生此种现象。

在第一种情况下，光线穿过一种媒介（如水）进入另一种媒介（如空气）时，这时就产生了折射，比如将铅笔放入一杯水中时，铅笔看起来是弯的）现象。

在第二种情况下，当光线超过临界入射角时，就会出现"全反射"现象。光线照射在镜子上一样又弹了回来。

光纤

光纤的芯线由玻璃或塑料构成，外层由具有较低折射率的相似物质构成。

芯线

外层

在光纤内，作为全反射的结果，光线从芯线基本上不会造成任何损失，所以光线能够传输到很远的地方，并能够传输大量信息。

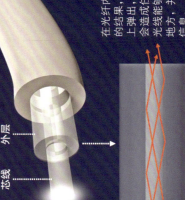

光的旅程

▲ 通过光纤的数据传输是以电信号开始的，该电信号被转换为光，最后在其旅程终端再被转换回电信号。

1 计算机、电话、无线电或电视台发出二进制或模拟电信号。

2 编码器对信号进行破译，并在发光二极管（LED或激光）的帮助下将电信号转换为光信号。

3 发光二极管产生的光脉冲通过光纤线程进行传送。

4 因为信号强度随着距离的增加而减弱，但是其特性不会变化，因此在光缆的某些特定位置安装了光放大器，用以对信号进行放大加强。

5 在到达接收器（电视、计算机、电话）之前，光电二极管在光缆的末端捕捉光信号，解码器将其转换回电信号，模拟信号或数字信号。

空气更利于光的传播

▲ 最近的研究表明，光波在空心线中传播遭遇通的阻力更小。应用这一理论可以减少传输过程中光放大器的数量。

实心芯线
当芯线为固体时（如由玻璃制成），光信号将会透过其强度逐渐衰弱，传统光纤就会发生这种现象。

空心芯线
如果芯线是空的，包覆层由玻璃和空气交替组成，该结构可以反射末传的光，线并将其送回芯线，从而起到增强信号的作用。

其他应用

▲ 电信业无疑是光纤应用最广泛的行业，然而，光纤在其他领域中也被广泛使用。

医疗
利用光纤和透镜可以制成超细超小医学仪器，应用这种仪器可以通过一个小洞对目标部位进行检查。广为人知的这类设备之一是内窥镜，该设备可帮助医生在尽量小的创口下对病人进行诊断及实施外科手术。

工业
内窥镜在工业领域中也有着诸多应用。由于其具有可以弯曲使用的特性，使得人们可以将光线引入到我们视线难以到达的地方。

娱乐
很多特殊的灯光效果和诸多装饰品都应用到了光纤。

触摸屏

尽管为开发触摸屏奠基的技术有着悠久的历史——构建触摸屏的理论可能性大约在40年前就已出现，但是直到最近几年，触摸屏装置才得到了广泛使用。这主要应归功于手机及电子记事本等小型个人设备的快速发展，由此带来了在这些设备上使用传统按键键盘变得不再便捷的问题。触摸屏技术的最新发展是允许多点"触摸"同时进行，并以此方式操作电脑、从菜单中选取选项乃至在屏幕上绘画。●

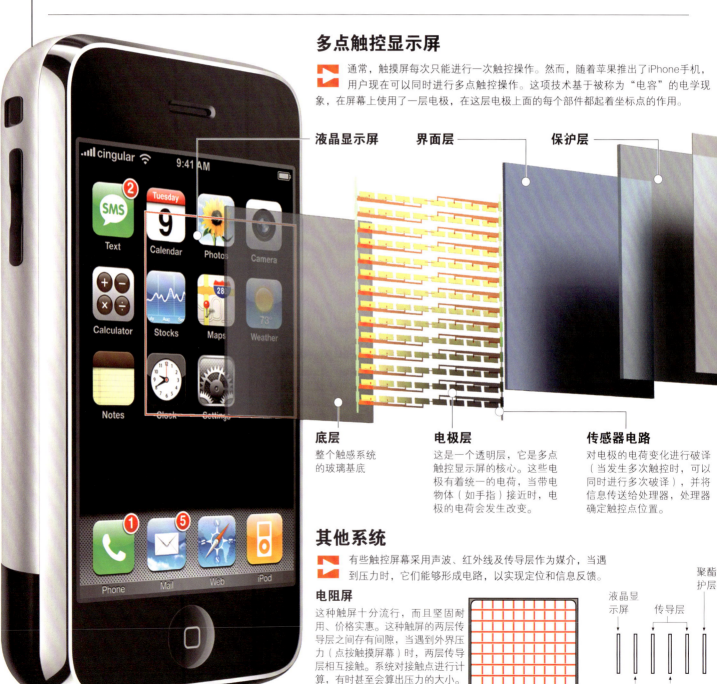

多点触控显示屏

通常，触摸屏每次只能进行一次触控操作。然而，随着苹果推出了iPhone手机，用户现在可以同时进行多点触控操作。这项技术基于被称为"电容"的电学现象，在屏幕上使用了一层电极，在这层电极上面的每个部件都起着坐标点的作用。

液晶显示屏　　**界面层**　　**保护层**

底层
整个触感系统的玻璃基底

电极层
这是一个透明层，它是多点触控显示屏的核心。这些电极有着统一的电荷，当带电物体（如手指）接近时，电极的电荷会发生改变。

传感器电路
对电极的电荷变化进行破译（当发生多次触控时，可以同时进行多次破译），并将信息传送给处理器，处理器确定触控点位置。

其他系统

有些触控屏幕采用声波、红外线及传导层作为媒介，当遇到压力时，它们能够形成电路，以实现定位和信息反馈。

电阻屏
这种触屏十分流行，而且坚固耐用、价格实惠。这种触屏的两层传导层之间存有间隙，当遇到外界压力（点按触摸屏幕时），两层传导层相互接触。系统对接触点进行计算，有时甚至会算出压力的大小。电阻屏广泛应用于控制工业流程的机械、手机或掌上电脑等设备。

液晶显示屏　**传导层**　**聚酯护层**

玻璃荧光屏　**电阻层**

复杂的触摸

▶ 仅需对iPhone手机的屏幕轻轻一点，我们便能启动一个复杂的电动数理机理，它能够确定点触屏幕的位置以及需要激活的功能。

1 屏幕将触控记录下来。

2 收集原始数据。

3 去除干扰信号。

4 系统计算出触摸按压的程度。

5 确定"点触区域"。

6 最终，系统精确地计算出点触区域所在坐标。

在电容触屏上，例如iPhone，必须使用带电物体进行触控。如果使用塑料等中性物质进行碰触时，屏幕无法探测到碰触。

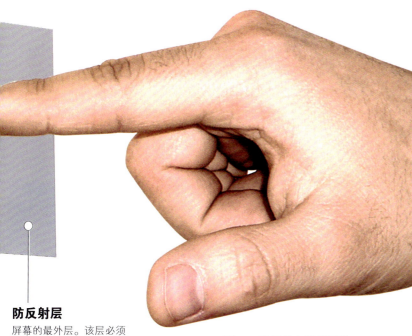

防反射层
屏幕的最外层。该层必须结实耐用，因为这一部分直接接受触摸，并同灰尘及外部环境直接接触。

iPhone手机多点触摸屏的厚度为

1.16毫米。

表面声波屏
屏幕表面覆有一层超声波，当物体接触屏幕时，超声波层受到影响，系统将探测到触碰的位置。通常在自动售货机及自动提款机上采用这类屏幕。

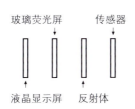

玻璃荧光屏　　传感器

液晶显示屏　　反射体

应用

▶ 当在没有键盘的情况下需要向某一系统输入数据的时候，触摸屏发挥着重要的作用。以下是几款触摸屏的实际应用。

微软平板电脑
这是2007年推出的一款平板电脑，其样式类似于桌面，使用这款电脑无需键盘即可完成众多操作和任务。这款电脑采用多点触摸屏，所基于的技术采用带有探测临近红外线装置的5个摄像头。

数字化平板电脑
确切地说，这些电脑采用的并非是触摸屏，但这些设备允许设计者及演示者利用磁性笔在平板电脑上"绘画"，并可以立刻在显示器上看到画出的图案。其平板屏幕上有一个导电纤维网，该网络可以接收到磁性笔笔尖的刺激。

自动提款机（ATM）
触屏技术在该领域应用广泛。

掌上通
在小型设备上传统键盘是十分不适用的，触摸屏的出现使得人们可以在不使用键盘的情况下高速输入数据及发出指令。

优缺点

▶ 目前尚未开发出理想的触屏技术，各种触控系统都存在这样或那样的优缺点：

	优点	缺点
电阻屏	最经济的选择；可使用任何物体触控；高分辨率及精确度。	不够明亮；尖锐的物体可能会伤害屏幕。
电容屏	高清晰度及分辨率；经久耐用；不易受损。	只能使用带电物体或同带电点物体相连的导体触控；可能需要校对。
超声波	优异的分辨率、精确度及灵敏度；可接受任何物体的触控。	价格昂贵；会受到油脂、水及大气中灰尘的影响。

科学与健康

曾经，医学是一门尚不成熟的学科，医生用简单的基础工具治疗病人的疾病。然而，500年来科技取得了巨大进步，医学成为了一门技术学科。科学的发展延长了人类的寿命，很多过去被视作奇迹的治疗手段如今已经得

到了广泛应用。很明显，医学技术发展的故事还在继续，我们还有许多工作需要去做，但很多科技进步已经在发挥着十分重要的作用。例如机器人手术，外科医生可以在很远距离之外通过仿真模拟器实施手术；还有磁共振设备，该设备可以诊断软组织肿瘤。●

磁共振成像（MRI）

水分子
氧
氢

因为有了一项将磁场和无线电波相结合的成熟技术，令不为病人带来痛苦就可以提供人体软组织的高质量图像成为可能，只要让病人静止片刻即可。这项技术的另一个革命性特征是它不需要使用造影剂或X光，而放射线摄影术或电子计算机断层扫描则有这项要求。●

扫描仪内部

▶ 为了提供人体软组织的图像，机器会扫描组织中的氢原子。要侦测氢原子，相关部位最初被置于强磁场之下，然后接受无线射频波刺激。这个过程让氢原子释放能量，该能量随后由扫描仪侦测并转化为图像。

超导磁铁
该磁铁由铌钛合金制成，在冷却到-269℃时成为超导体。它会产生一种强磁场，使氢质子在被无线电波刺激之前排列成行。

冷却系统
除了用于抵消电磁设备产生的大量热之外，这些系统将主磁铁冷却至-269℃，使其成为超导体。液态氦通常被用作冷却剂。

磁场梯度线圈
产生二次磁场；这个磁场与超导磁铁共同作用，针对人体的不同切面成像。

无线射频发射器
通过发射线圈（天线）发出无线电信号来刺激在磁场作用下排列成行的氢原子。当刺激停止时，氢原子释放出能量，该能量随后被捕获并用于形成图像。

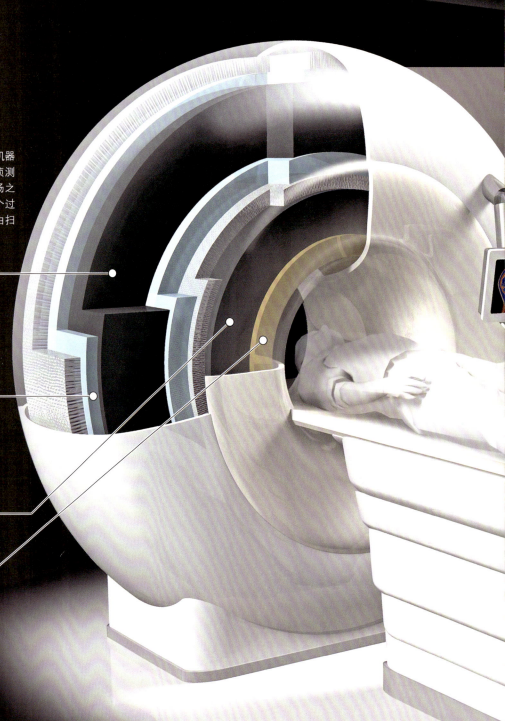

人体中的氢

氢原子几乎存在于所有组织和体液中，尤其是在水（构成人体的70%）和脂肪中。

氢原子

氢原子是自然界中最简单的元素，它只有1个质子（+）和1个电子（−）。

电子

质子

由于其物理结构的关系，氢原子的质子在其轴线上旋转。这会产生一个与外部磁场相互作用的磁场。

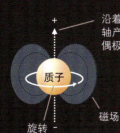

质子

旋转

磁场

沿着旋转轴产生磁偶极子。

它还会围绕第二条轴线旋转，像一个陀螺，在圆锥状（旋进）的轨道内运动。

旋进轴

分类

低能原子核
旋转轴和旋进轴沿相同方向旋转。

高能原子核
旋转轴和旋进轴相反方向旋转。

切面

▶ 磁共振成像能够生成人体任何部位的任何切面的横断图像。

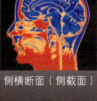
侧横断面（侧截面）

前横断面（正截面）

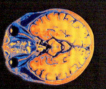
顶横断面（冠截面）

追踪原子

1 人体中的氢

旋进轴随机指向不同方向。

2 磁性

强磁场帮助将旋进轴排列成同一个方向。

磁场

3 刺激

然后，通过使用无线电波形式的能量，低能质子吸收能量而成为高能质子。

磁场

无线电波

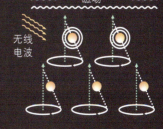

4 张弛

当无线电波发射结束时，低能质子回到先前的状态。在质子张弛的过程中，会放出此前吸收的能量。

磁场

5 分析

这种释放出的能量由磁共振成像扫描仪解读，并形成图像。

高磁性

磁共振成像扫描仪产生的磁场比地球磁场强数万倍。

正电子放射断层扫描（PET）

正如电子计算机断层扫描和磁共振成像技术是研究人体内部结构公认的诊断方法，正电子放射断层扫描近年来已经成为实时研究病人体内生化过程的最精密技术。专家用这项技术能够确定病人体内的组织运转情况，并由此精确诊断癌症或神经紊乱，而这些情况正是用其他方法难以确定的。●

葡萄糖

是细胞中能量的主要来源。因此，研究葡萄糖在人体内的使用情况能够了解关于新陈代谢的很多信息。新陈代谢异常可能与一些严重疾病相关，例如恶性肿瘤和阿尔茨海默氏病（早老性痴呆）。

90%

这是使用正电子放射断层扫描能够准确诊断癌症的比例，包括早期癌症。

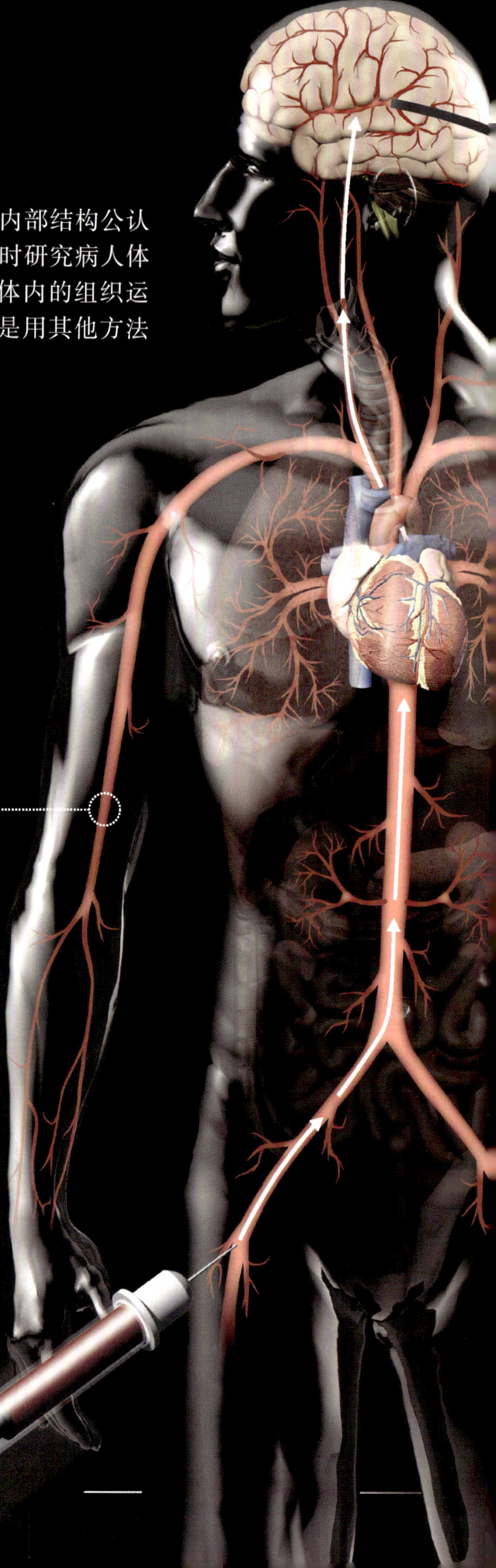

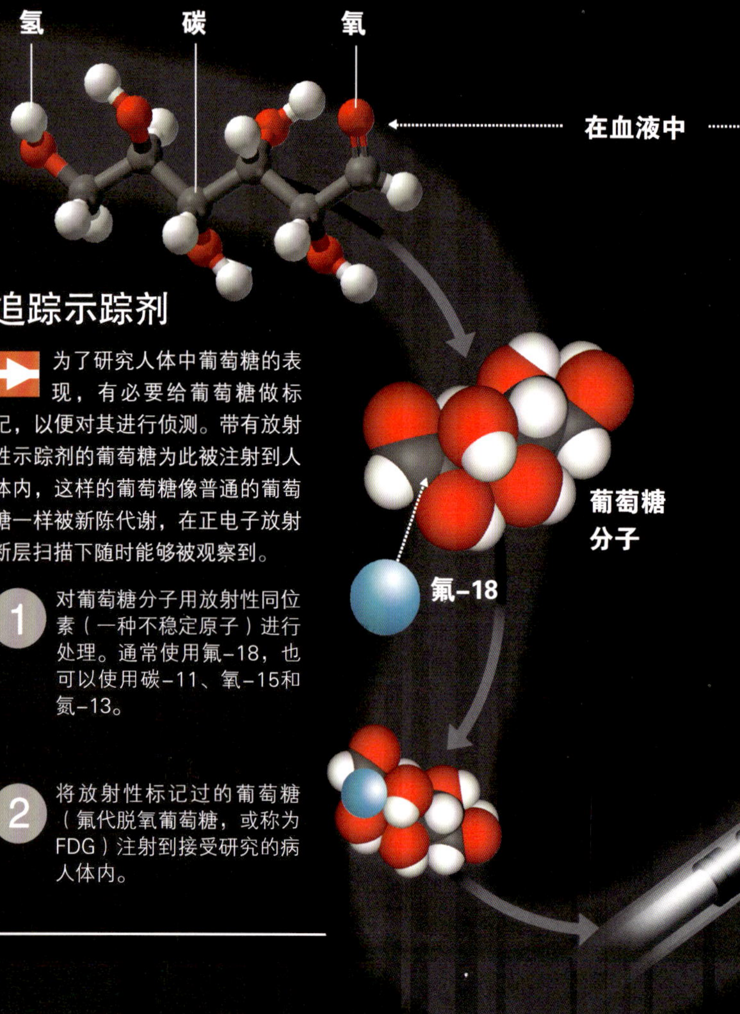

氢　碳　氧

在血液中

追踪示踪剂

为了研究人体中葡萄糖的表现，有必要给葡萄糖做标记，以便对其进行侦测。带有放射性示踪剂的葡萄糖为此被注射到人体内，这样的葡萄糖像普通的葡萄糖一样被新陈代谢，在正电子放射断层扫描下随时能够被观察到。

葡萄糖分子

氟–18

1 对葡萄糖分子用放射性同位素（一种不稳定原子）进行处理。通常使用氟–18，也可以使用碳–11、氧–15和氮–13。

2 将放射性标记过的葡萄糖（氟代脱氧葡萄糖，或称为FDG）注射到接受研究的病人体内。

发光碰撞

示踪剂氟脱氧葡萄糖进入病人体内后，会在它被吸收和新陈代谢时放出正电子。正因为它发射出正电子，这个过程能够被正电子放射断层扫描追踪。

葡萄糖分子

氟-18

3 在示踪剂氟脱氧葡萄糖分子中，氟-18会放出正电子，这是对应于电子的反物质。换句话说，正电子是带有正电荷而非负电荷的电子。

正电子

伽玛射线

电子

正电子

电子

伽玛射线

4 在人体的其他组织和结构中，有很多容易遇到示踪剂氟脱氧葡萄糖放出的正电子的自由电子。

5 当一个电子（带有负电荷）与一个正电子（带有正电荷）发生碰撞时，两个粒子就会湮灭，它们的质量转化为能量。更精确地说，质量转变为两个相互成180°角的不同方向射出的伽玛射线光子。

6 这些闪光都在正电子放射断层扫描中被捕捉和放大，以确定示踪剂氟脱氧葡萄糖分子的位置和聚集情况，并在病人体内追踪这些分子。正电子放射断层扫描处理仪随后将该信息转化为彩色图像。

SIEMENS

ECAT

光子放大器

5毫米

这是正电子放射断层扫描的最小分辨率。比这更小的恶性肿瘤无法通过这项技术进行确诊。

图像

正电子放射断层扫描在诊断恶性肿瘤和神经性疾病（如早老性痴呆或帕金森氏症）时非常有效。计算机断层摄影术能够提供人体内部器官的解剖学信息和结构信息，而正电子放射断层扫描能够提供关于新陈代谢和生化活动的信息，以及药物作用情况的信息。

正常情况
这幅图像显示了正常大脑的新陈代谢活动。神经细胞活动消耗大量葡萄糖。

患有早老性痴呆
这幅图像清晰地显示了完全昏暗的区域，表明葡萄糖新陈代谢的程度很低，而这是早老性痴呆症的特征。

四维超声波

这是孕产科学中诊断检查的最新词汇。四维超声波成像加入时间维度作为新的变量，能够生成实时彩色图像，给人的感觉是在观看正在子宫内成长的胎儿的电影。但严格说来这并不是电影，而是在扫描被胎儿反射为回声的超声波。这些回声由实施数学计算的强大处理器进行分析并转化为图像。并非所有医生都愿意使用四维超声波，很多医生仍然倾向于使用传统的二维超声波进行检查。●

超声波窗口

▶ 超声波设备配有一种在母亲腹部移动的手持探针。探针含有传感器，发出穿过腹部并被胎儿反射回来的超声（高频）波，由此制造回声反射。这些反射波被传感器侦测到并转化为图像。

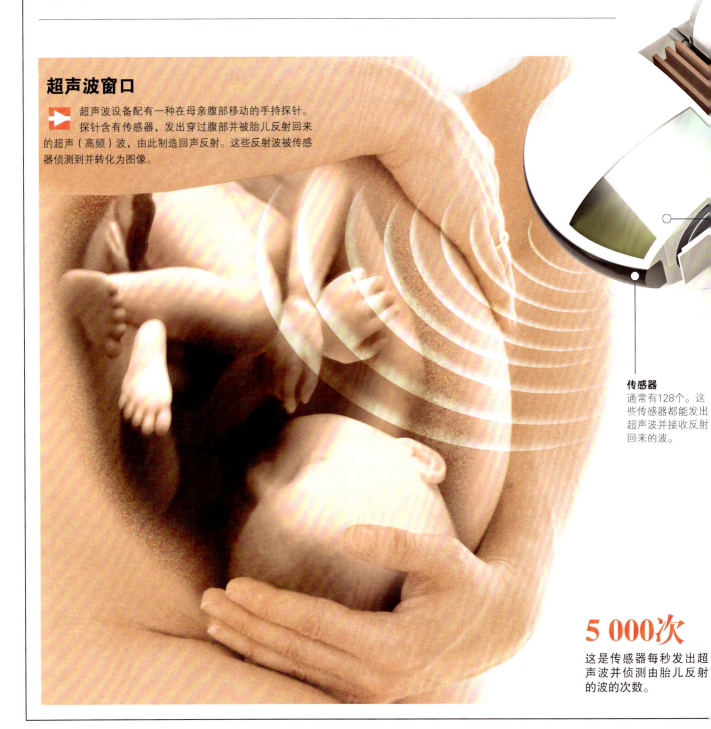

传感器
通常有128个。这些传感器都能发出超声波并接收反射回来的波。

5 000次

这是传感器每秒发出超声波并侦测由胎儿反射的波的次数。

马达
以80°的弧度翻转传感器，每秒大约20次。

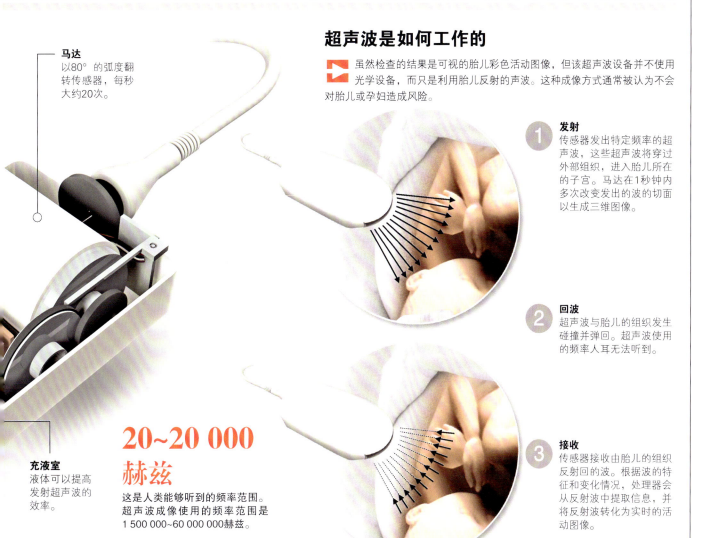

超声波是如何工作的

虽然检查的结果是可视的胎儿彩色活动图像，但该超声波设备并不使用光学设备，而只是利用胎儿反射的声波。这种成像方式通常被认为不会对胎儿或孕妇造成风险。

1 发射
传感器发出特定频率的超声波，这些超声波将穿过外部组织，进入胎儿所在的子宫。马达在1秒钟内多次改变发出的波的切面以生成三维图像。

2 回波
超声波与胎儿的组织发生碰撞并弹回。超声波使用的频率人耳无法听到。

充液室
液体可以提高发射超声波的效率。

20~20 000 赫兹

这是人类能够听到的频率范围。超声波成像使用的频率范围是1 500 000~60 000 000赫兹。

3 接收
传感器接收由胎儿的组织反射回的波。根据波的特征和变化情况，处理器会从反射波中提取信息，并将反射波转化为实时的活动图像。

发展

超声波成像技术近年来得到了发展，从生成有些模糊的多色图片发展到可以生成子宫内胎儿的电影般的图像。

二维超声波
这是用于孕产科学的最好的超声波成像方式。虽然这种方法并不像很多现代方法那样引人注目，但医生们还是偏爱这种方法，因为它提供了各种角度的胎儿横断面视图，这有助于检查胎儿的内部结构。

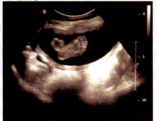

三维超声波
可以生成胎儿的静态三维图像，能被用于识别结构畸形，甚至是面部特征。图像是通过获取沿着胎儿体长的一系列平行横断面视图生成的。这些视图随后经过数字处理而生成三维图像。

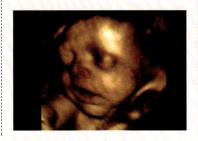

四维超声波
高速处理器使得在几分之一秒内获取多幅三维超声波图像，并实施生成活动胎儿图像的数学运算成为可能。

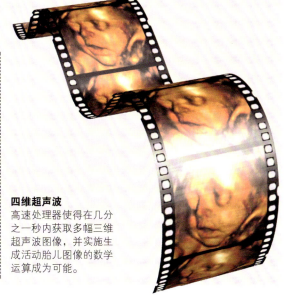

人工受孕（试管受精）

自从大约30年前英国出现第一例成功的人工受孕（试管受精）案例后，这项技术就成为最受欢迎并广泛传播的辅助受孕技术。它涉及取出妇女的卵子并在妇女的子宫之外使卵子受精。事实上，这个过程是在实验室里进行的，以避免可能妨碍自然妊娠的多种问题。受精后，胚胎被移植到子宫中以继续妊娠过程。随着时间推移，人工受孕（试管受精）技术已经变得更加高效，在过去几年中，成功受孕的数量增长了7倍。今天，人工受孕（试管受精）能够与其他技术结合在一起以增加受孕的机会。

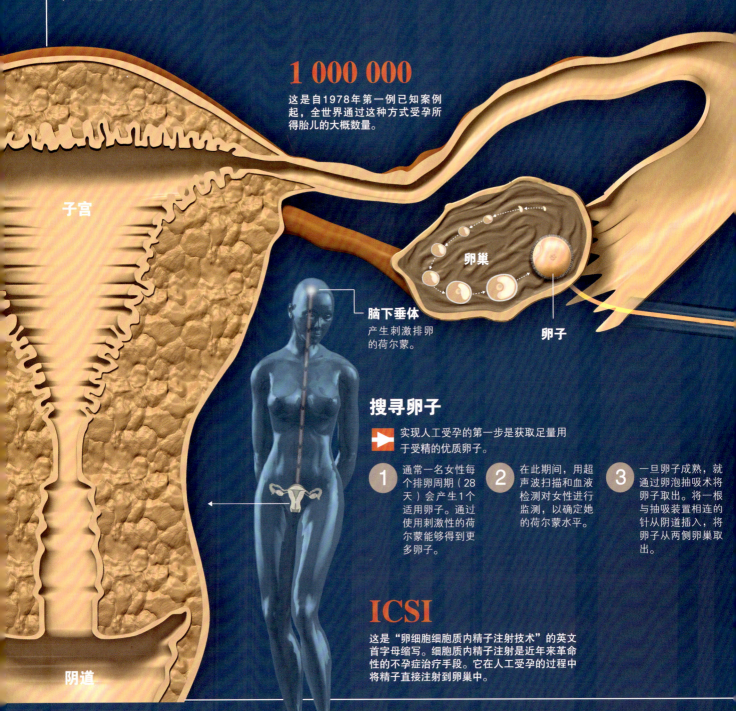

1 000 000
这是自1978年第一例已知案例起，全世界通过这种方式受孕所得胎儿的大概数量。

子宫

卵巢

卵子

脑下垂体
产生刺激排卵的荷尔蒙。

搜寻卵子

实现人工受孕的第一步是获取足量用于受精的优质卵子。

1 通常一名女性每个排卵周期（28天）会产生1个适用卵子。通过使用刺激性的荷尔蒙能够得到更多卵子。

2 在此期间，用超声波扫描和血液检测对女性进行监测，以确定她的荷尔蒙水平。

3 一旦卵子成熟，就通过卵泡抽吸术将卵子取出。将一根与抽吸装置相连的针从阴道插入，将卵子从两侧卵巢取出。

ICSI

这是"卵细胞胞质内精子注射技术"的英文首字母缩写。细胞质内精子注射是近年来革命性的不孕症治疗手段。它在人工受孕的过程中将精子直接注射到卵巢中。

阴道

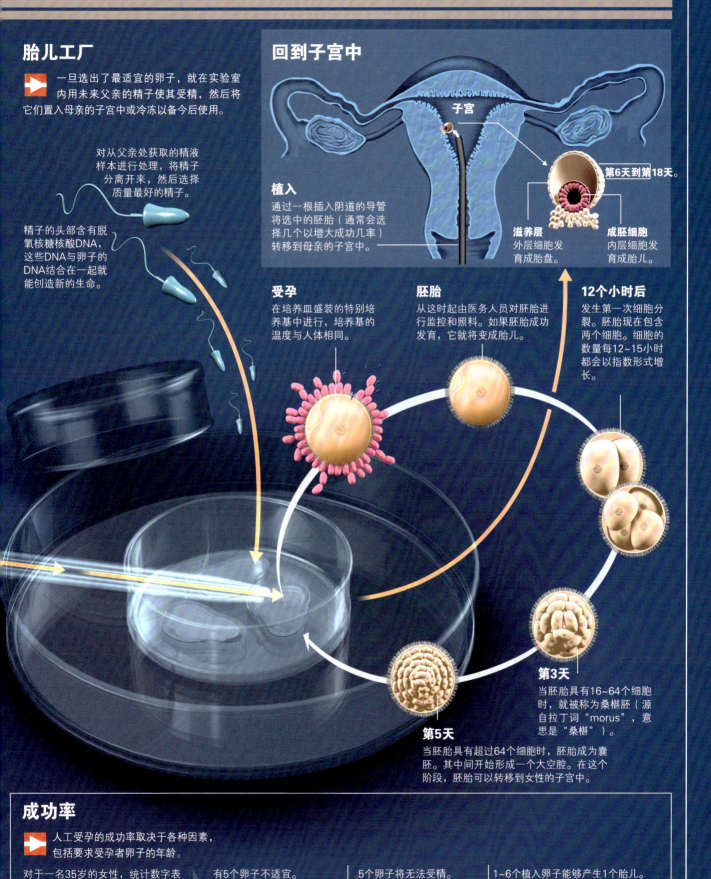

胎儿工厂

一旦选出了最适宜的卵子，就在实验室内用未来父亲的精子使其受精，然后将它们置入母亲的子宫中或冷冻备今后使用。

对从父亲处获取的精液样本进行处理，将精子分离开来，然后选择质量最好的精子。

精子的头部含有脱氧核糖核酸DNA，这些DNA与卵子的DNA结合在一起就能创造新的生命。

回到子宫中

植入
通过一根插入阴道的导管将选中的胚胎（通常会选择几个以增大成功几率）转移到母亲的子宫中。

子宫

第6天到第18天。

滋养层
外层细胞发育成胎盘。

成胚细胞
内层细胞发育成胎儿。

受孕
在培养皿盛装的特别培养基中进行，培养基的温度与人体相同。

胚胎
从这时起由医务人员对胚胎进行监控和照料。如果胚胎成功发育，它就要变成胎儿。

12个小时后
发生第一次细胞分裂。胚胎现在包含两个细胞。细胞的数量每12~15小时都会以指数形式增长。

第3天
当胚胎具有16~64个细胞时，就被称为桑椹胚（源自拉丁词"morus"，意思是"桑椹"）。

第5天
当胚胎具有超过64个细胞时，胚胎成为囊胚。其中间开始形成一个大空腔。在这个阶段，胚胎可以转移到女性的子宫中。

成功率

人工受孕的成功率取决于各种因素，包括要求受孕者卵子的年龄。

对于一名35岁的女性，统计数字表明每16个卵子中只有1个会发育并导致受孕。

有5个卵子不适宜。

5个卵子将无法受精。

1~6个植入卵子能够产生1个胎儿。

人工心脏

自从1982年的第一例永久人工心脏移植成功后，人工心脏经历了一个明显的发展历程，尽管手术过程因其复杂性而仍然处于实验性研究阶段。最先进的人工心脏——一种被称为阿比奥科（AbioCor）的模型——已经被成功移植到多位患有严重心脏病的患者身上，其中一名患者借助该设备生活了17个月。阿比奥科心脏在人体内能够自给自足，只需要最低限度的维护。人工心脏的奇迹已经成为日常生活中的现实，尽管在短期内它还不能被广泛使用。●

移植

进行移植的同时维持血液循环，方法是连接到主静脉和主动脉，而不使用可能阻碍血液流动的内部缝合。移植是一种主要的手术干预方式。

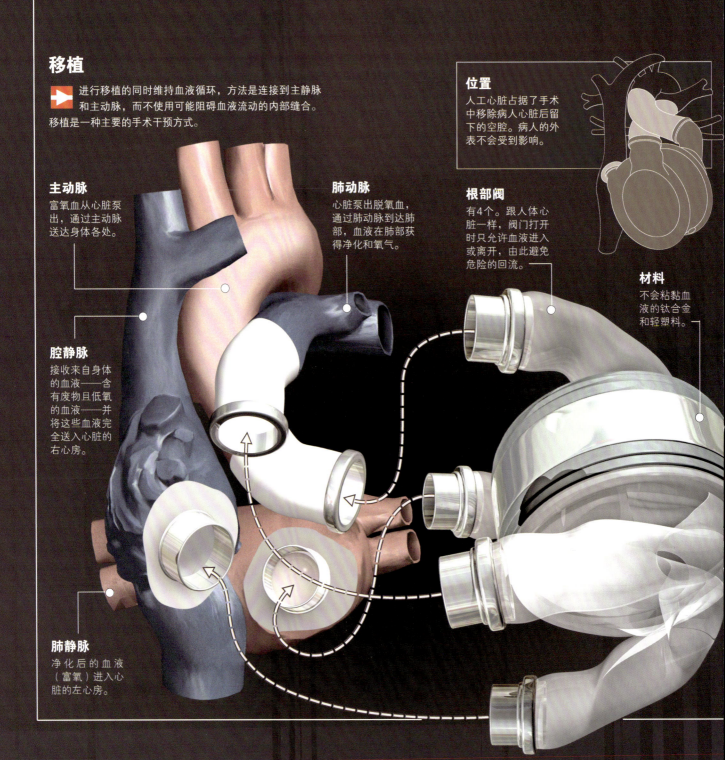

位置
人工心脏占据了手术中移除病人心脏后留下的空腔。病人的外表不会受到影响。

主动脉
富氧血从心脏泵出，通过主动脉送达身体各处。

肺动脉
心脏泵出脱氧血，通过肺动脉到达肺部，血液在肺部获得净化和氧气。

根部阀
有4个。跟人体心脏一样，阀门打开时只允许血液进入或离开，由此避免危险的回流。

材料
不会粘黏血液的钛合金和轻塑料。

腔静脉
接收来自身体的血液——含有废物且低氧的血液——并将这些血液完全送入心脏的右心房。

肺静脉
净化后的血液（富氧）进入心脏的左心房。

人工心脏是如何工作的

人工心脏的关键是一个具有活动壁并且充满硅胶液的分隔室。内置的回转电机使液体向外挤压，对分隔室的活动壁产生压力。通过阀门引导这种挤压正是这种人工器官正常运行的关键。

阀门电机

操纵控制着液压流体流动的阀门，使其从分隔室的一边移到另一边。

回转电机

以高达9 000转/分钟的转速运行，以造成能够产生液压的离心力。

泵送

① 泵中的液压被引向泵一侧的活动壁。活动壁推向上方一个充满血液的腔室，并将血液推出。同时，位于泵的另一侧的腔室充满血液。

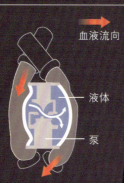

血液流向

液体

泵

② 关闭的阀门打开，打开的阀门关闭，液压被传递到泵的另一侧。该过程不断重复。

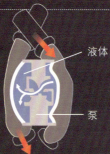

液体

泵

5年

这是在未来几年中将接受阿比奥科II型人工心脏移植的病人的预计存活时间。阿比奥科II型是一种新的模型，在2008年推出。

植入组件

除了一个外置电池包之外，系统的所有组件都装在病人体内，不会被看到。

■ 体外

■ 体内

经皮能量传输器

这种传输器有一个外置线圈，将能量穿过皮肤传送到内置接收线圈。这些能量用于为内置电池充电。这种设置能避免电线或导管刺穿皮肤，相应的降低了感染的风险。

人工心脏

重0.9千克，由内置电池驱动。

控制器

除了控制心脏的运行之外，它还监控血温和血压。

内置电池

锂电池。这些电池接收来自外置电源的能量，并将能量传到人工心脏。

外置电池包

也含有锂电池。这个电池包是系统中唯一不植入身体的部分，用于为内置电池充电。

远程监控单元

用于监控人工心脏的运行。

仿生植入（仿生移植）

几十年前，截肢病人的唯一选择还是使用僵硬且很不舒适的木质假肢。今天，在21世纪之初，使用与神经系统连接的假肢——能够对大脑的直接指令做出反应——的梦想即将成为现实。至少已经有非常先进的实验性模型，并且已经有具备惊人功能的假肢可供出售，这些假肢在某些情况下比人的四肢更优越。●

近乎科幻小说

由芝加哥康复研究所开发的实验性仿生手臂是目前为止最先进的模型之一。它能解读大脑的指令，这样病人能够重获失去的所有手臂功能。

半人半机械

在未来几年将会取得的多项进展中，除了仿生手臂和仿生脚的假肢之外，还包括：因人工眼睛、动脉、器官和肌肉的开发而产生的仿生眼睛；供盲人和聋人使用的仿生耳朵；能让回肢麻痹症患者重新使用其四肢的微处理器；甚至能够消除慢性疼痛的设备。

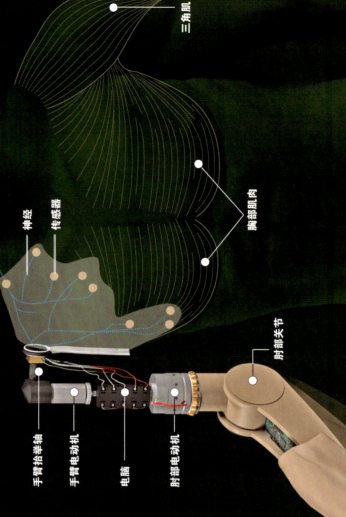

三角肌

神经

传感器

胸部肌肉

手臂抬举轴

手臂电动机

电脑

肘部电动机

肘部关节

腕部电动机

柔性手腕

1 外科医生将原先连接到手臂的神经重新与胸部肌肉相连。

2 当安装了该设备的人想要做出手臂动作（如抬起手臂、手或手指）时，指令就会沿着神经传导，神经会使胸部肌肉产生微小而精确的收缩。

3 这些收缩被一系列传感器侦测到，传感器负责将电子信号传到假肢上安装的电脑中。

4 电脑随后指示电动机让手臂做出所指示的动作。

6亿

这是世界范围内具有某种残疾的人口数量，这个数字占到世界总人口的10%。

自动化

通常，使用者不需要做出任何调整，因为假肢会自动侦测和分析变化的情况并不断自行调整。

楼梯上时

当假肢侦测到两级连续的楼梯台阶时，它就会旋转脚踝，让脚处于适当的位置。

坐下时

为了提供更高的舒适度，假肢会使脚弯曲，这样脚的前端能够接触地面。

智能脚

与仿生手臂相反，普罗普里奥脚（由奥索假肢公司开发并已供出售）并不解读大脑的指令，它自身能够全面考虑地形，使用者的动作和步态，进而重现人脚的功能。

运行

一种称为加速度计的设备记录腿部的动作，每秒记录大约1 000次。电脑使用这些数据对脚部的机械动作进行适当的调整。

多功能性

普罗普里奥脚能够转动，灵活举起或放下，并且能够在行走甚至是爬上坡或爬楼梯时（对截肢者而言这些是很困难的情况）进行调整而增加舒适度。

始终保持警觉

普罗普里奥脚无需使用者发出指令就能对坐在椅子上或上下楼梯这样的情况作出反应。

机器人外科手术

大约10年前进行了首例使用机器人施行的外科手术，让以前科幻小说中的幻想变成了现实。在无辅助的机器人外科手术中，外科医生使用一台电脑控制台进行操作，而装有特殊手臂的机器人直接在病人身上进行手术。这种外科手术使外科医生可以使用高带宽通信连接，通过远程方式为位于世界另一端的病人实施手术。机器人外科手术有很多优点，如切口的极端精确性（手部动作都经过度量和筛选，以消除医生手部抖颤带来的影响）和较小的切口，这都能够缩短患者的康复时间，并使医生能够对具体病人实施手术而无需与病人处于同一个地理位置。●

控制台

▶ 这是外科医生施行手术的地方。虚拟现实环境让医生能够观察放大至20倍的切口和器官。

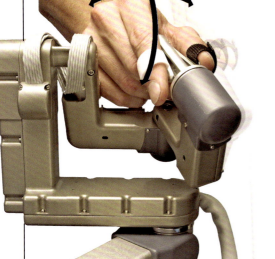

虽然并非直接在病人身上施行手术，但控制台使医生能够"感觉"到手术过程，因为机器人会传输有关弹性、压力和阻力的数据以及其他信息。

500 000

这是自该项技术于1977年首次开发以来，已经实施的机器人手术的大概数量。

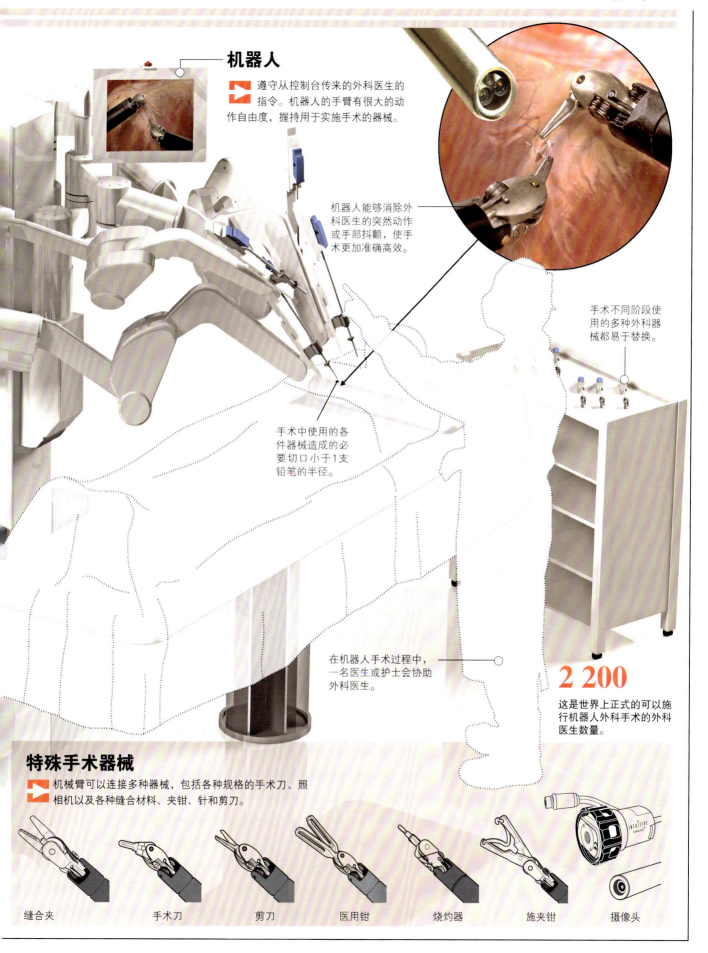

机器人

遵守从控制台传来的外科医生的指令。机器人的手臂有很大的动作自由度，握持用于实施手术的器械。

机器人能够消除外科医生的突然动作或手部抖颤，使手术更加准确高效。

手术不同阶段使用的多种外科器械都易于替换。

手术中使用的各件器械造成的必要切口小于1支铅笔的半径。

在机器人手术过程中，一名医生或护士会协助外科医生。

2 200

这是世界上正式的可以施行机器人外科手术的外科医生数量。

特殊手术器械

机械臂可以连接多种器械，包括各种规格的手术刀、照相机以及各种缝合材料、夹钳、针和剪刀。

缝合夹　　手术刀　　剪刀　　医用钳　　烧灼器　　施夹钳　　摄像头

纳米机器人

纳 米机器人的发展是纳米技术最有前景的发展方向之一，纳米技术是指在原子或分子层次上操纵物质的能力，专业纳米技术机器人的大小不到人的头发直径的数千分之一。研究人员相信这种机器人可以用于下列应用：能够进入人体探测、攻击并摧毁恶性癌细胞；修复器官及受损生物结构；进行特效药物治疗；疏通阻塞的血管；修改细胞内的脱氧核糖核酸等。然而，除了医学领域，纳米机器人还可以用于其他用途，例如，纳米机器人在清理环境污染物方面也能发挥巨大作用。●

纳米结构

目前纳米技术的主要发展成果还停留在科幻领域而非日常生活，尽管该技术已经取得了一定的实际成效。

现在

纳米管
该管道由碳原子卷板构成，具有很多令人瞠目的特性，例如，室温下的超导体令人难以置信的阻抗或电容性能。

富勒烯
一种呈封闭状的中空的碳分子，其性质尚在研究中，每年都能发现其新的应用领域。

未来

脱氧核糖核酸（DNA）
八面体形状的DNA模型，其可以在原子级别的基础上构成未来计算机的结构。

纳米泵
由碳原子、氧原子、硅原子、氢原子和氮原子构成。

齿轮
由碳纳米管构成的模型。

每个小球代表1个原子。

挑战

在首例纳米机器人投入工作之前，研究人员必须解决一系列的基础问题，因此实现这一技术尚需时日。

布朗运动

即分子产生难以控制的剧烈震动，这是由一种同分子撞击有关的物理现象造成的，即某种媒介物在某物体内不断运动（例如，花粉颗粒在水中出现的情况）。这种情况人类是无法直接察觉到的，但是如果以纳米为单位来观看的话，这就是一个十分严重的问题了，需要纳米机器人开发人员尽快解决。

能量

想让一个纳米大小的物体在流体中自由运动就需要一定的能量。

导航

如何控制纳米机器人的行踪？

交流

如何向分子大小的机器发号施令？通过化学刺激，还是利用纳米芯片？如何让它们能够互相交流？这些都是研究人员尚未解决的难题。

推动力

目前尚不清楚采用何种推动系统来推动纳米机器人前进。不过，瑞士及加拿大研究人员近来宣布开发出了一种"推动器"，其模仿螺丝锥的运行方式，类似于细菌通过鞭毛进行运动，这项技术目前还处于初级阶段。

对比

目前对于纳米机器人的大小还没有准确定义，这主要取决于其能力和用途。不过，其标准尺寸或许为50纳米左右，换句话说，就是比血红细胞小140倍。

细菌
1 000纳米

7 000纳米

奖 金

美国的纳米科技预研研究所提供了25万美元的奖金，奖励能够研发出小于100纳米的功能性纳米机器人机器臂，以及小于50立方纳米的计算仪器的科学家及科学团队。这笔奖金于1996年公布，目前尚无人领取。

两个纳米机器人在血管中运行的概念图示。

尖端技术

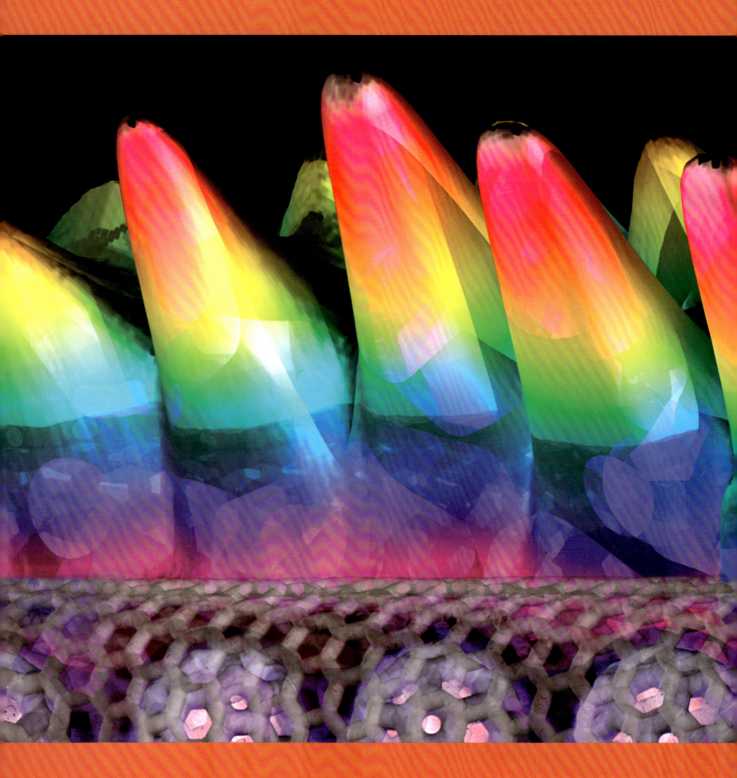

天，我们生活在各种科技不断进步的时代，这些科技引领我们进入崭新的未来世界，同时还在改变着我们的生活习惯。最近，日本的几部纪录影片显示，他们已经在教育领域引入了机器人，用来帮助教师完成教学任务。这些新开发的应用尚处于起步阶段，无疑科技还将带给我们更多的发现

碳纳米管

碳纳米管是目前已知最强的纤维，它由一层或多层石墨或其他物质构成，比传统铜线缆的导电性要强数百倍。

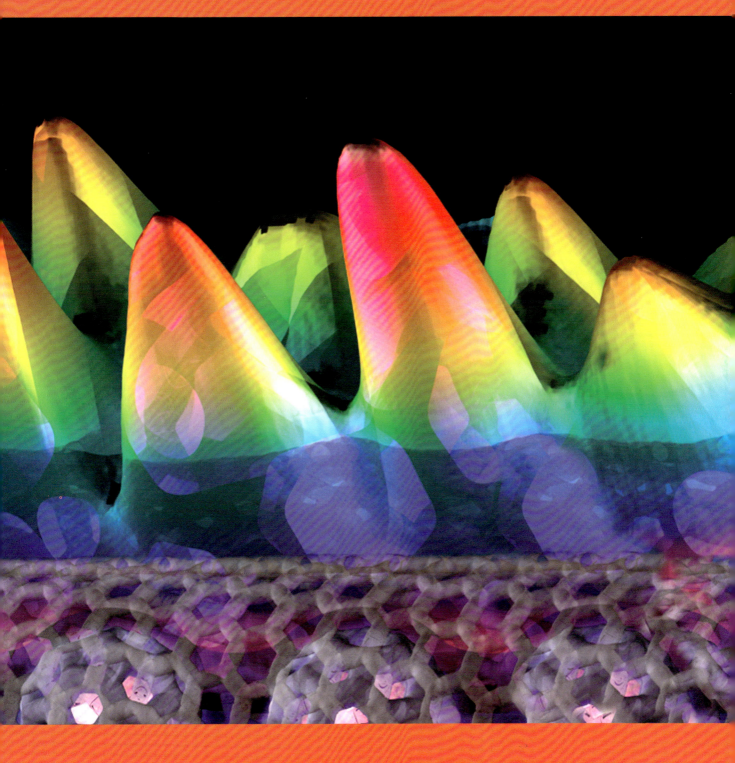

及惊奇。我们所能确定的是未来已经呈现在我们的眼前，并在不断地向我们展示这一切。我们在此邀你同我们共同探寻纳米技术的各种应用以及智能纺织品的多种特性，这些布料有的可以抵御灰尘，有的能够使穿着者感觉更加温暖或凉爽，有的能散发出香味，或者更神奇的是，能够使穿着者隐身。●

智能房屋

智能房屋技术的目标是开发出赋予房屋智能的方式，使房屋能够自行调整以适应住在屋里的人们的需要，同时顾及所有与房屋维护和安全相关的风险。虽然为此开发的很多技术对大多数人而言过于昂贵，但在该领域不断取得的进展表明，在不远的将来几乎所有家庭都会配备智能房屋设备。●

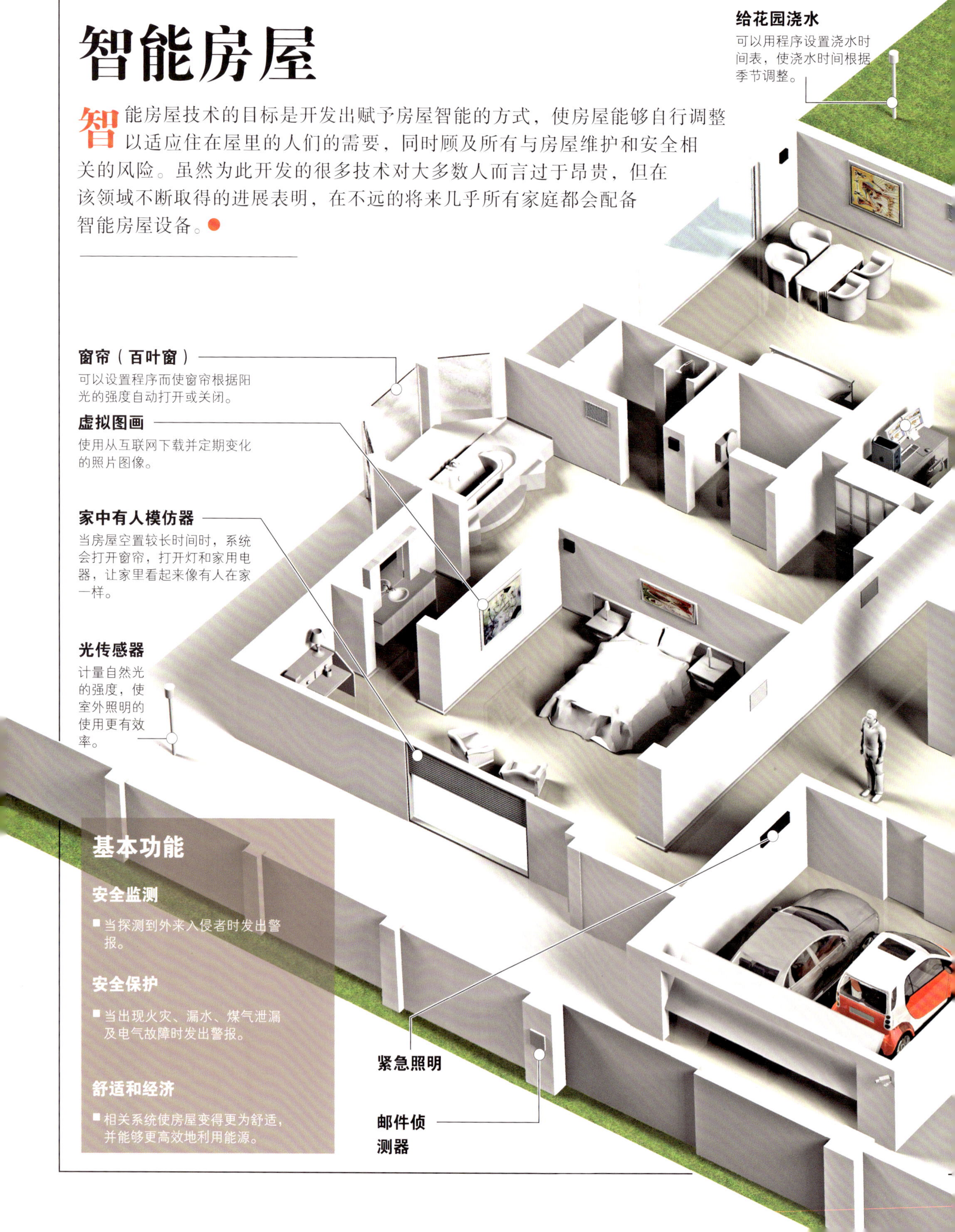

给花园浇水
可以用程序设置浇水时间表，使浇水时间根据季节调整。

窗帘（百叶窗）
可以设置程序而使窗帘根据阳光的强度自动打开或关闭。

虚拟图画
使用从互联网下载并定期变化的照片图像。

家中有人模仿器
当房屋空置较长时间时，系统会打开窗帘，打开灯和家用电器，让家里看起来像有人在家一样。

光传感器
计量自然光的强度，使室外照明的使用更有效率。

基本功能

安全监测
■ 当探测到外来入侵者时发出警报。

安全保护
■ 当出现火灾、漏水、煤气泄漏及电气故障时发出警报。

舒适和经济
■ 相关系统使房屋变得更为舒适，并能够更高效地利用能源。

紧急照明

邮件侦测器

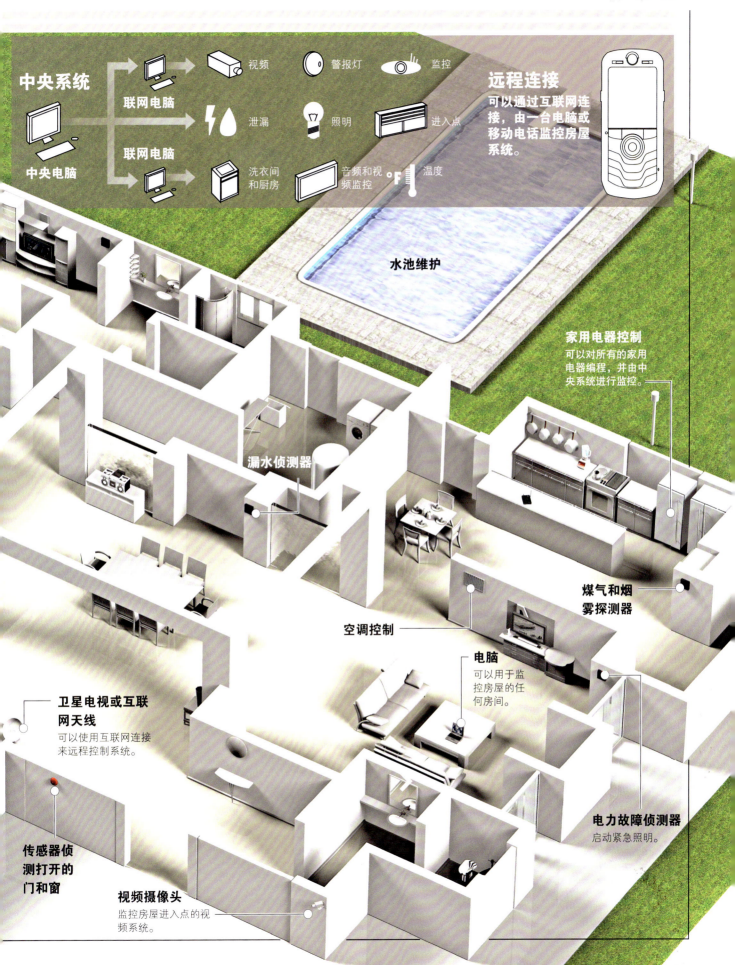

中央系统

联网电脑 · 视频 · 警报灯 · 监控

中央电脑

联网电脑 · 泄漏 · 照明 · 进入点

洗衣间和厨房 · 音频和视频监控 · 温度

远程连接
可以通过互联网连接，由一台电脑或移动电话监控房屋系统。

水池维护

家用电器控制
可以对所有的家用电器编程，并由中央系统进行监控。

漏水侦测器

煤气和烟雾探测器

空调控制

电脑
可以用于监控房屋的任何房间。

卫星电视或互联网天线
可以使用互联网连接来远程控制系统。

电力故障侦测器
启动紧急照明。

传感器侦测打开的门和窗

视频摄像头
监控房屋进入点的视频系统。

纳米技术

我们一般说的"纳米技术"是指通过将物质控制在纳米级别而对材料、设备和功能系统进行研究、设计、合成、操纵和应用。这些新颖而精确到原子程度的精密结构（如碳纳米管或检查人体内部的极小器械）预示着一场难以想象的新技术革命。该领域的专业人员预计将会有多项工业技术、科学技术和社会突破。或许，有一天会出现比钢铁更坚固却更轻、更洁净也更高效的材料，其他众多可能出现的应用包括速度显著提高的电脑以及能够侦测和摧毁大脑中的癌细胞的分子传感器。●

1纳米（nm）

> 1纳米是1米的十亿分之一，或是1毫米的百万分之一。

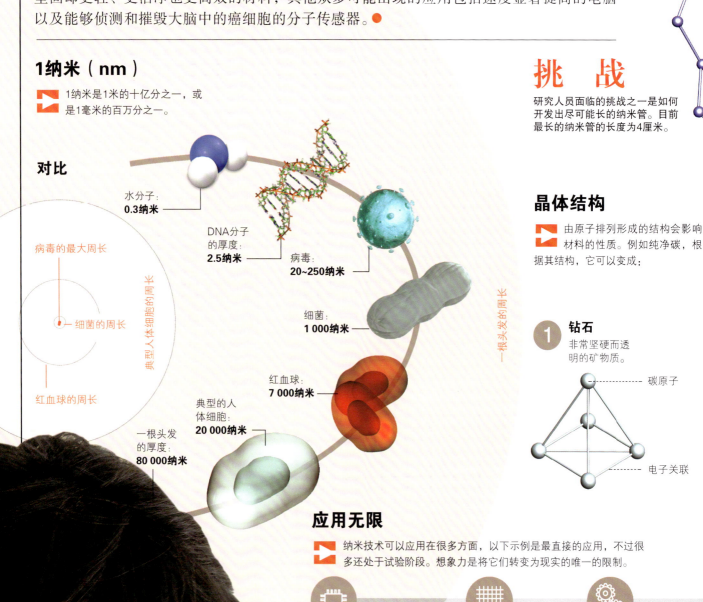

对比

病毒的最大周长
细菌的周长
红血球的周长
典型人体细胞的周长

水分子：
0.3纳米

DNA分子的厚度：
2.5纳米

病毒：
20~250纳米

细菌：
1 000纳米

红血球：
7 000纳米

典型的人体细胞：
20 000纳米

一根头发的厚度：
80 000纳米

一根头发的周长

挑　战

研究人员面临的挑战之一是如何开发出尽可能长的纳米管。目前最长的纳米管的长度为4厘米。

晶体结构

> 由原子排列形成的结构会影响材料的性质。例如纯净碳，根据其结构，它可以变成：

1 **钻石**
非常坚硬而透明的矿物质。

碳原子

电子关联

应用无限

> 纳米技术可以应用在很多方面，以下示例是最直接的应用，不过很多还处于试验阶段。想象力是将它们转变为现实的唯一的限制。

信息技术
含有微晶体管芯片的分子纳米处理器将位于电脑的核心，将比现有的处理器强大数百万倍。

新材料
将比已知的材料坚固数十倍到数百倍，同时却轻得多。

机器人技术
微机器人（纳米机器人）将能够在器官和血管中行走，实施诊断性的检测和修复。

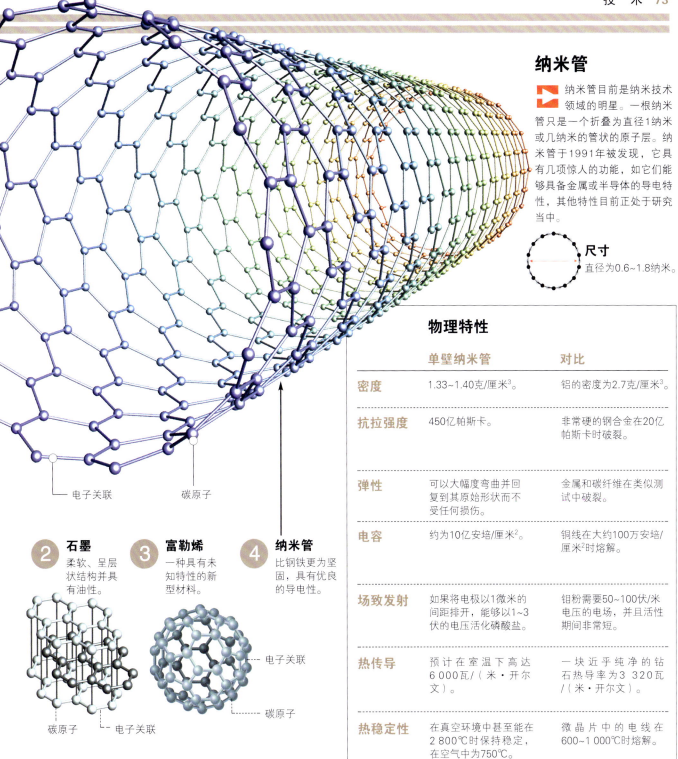

纳米管

纳米管目前是纳米技术领域的明星。一根纳米管只是一个折叠为直径1纳米或几纳米的管状的原子层。纳米管于1991年被发现，它具有几项惊人的功能，如它们能够具备金属或半导体的导电特性，其他特性目前正处于研究当中。

尺寸
直径为0.6~1.8纳米。

电子关联　　碳原子

2 石墨
柔软、呈层状结构并具有油性。

3 富勒烯
一种具有未知特性的新型材料。

4 纳米管
比钢铁更为坚固，具有优良的导电性。

碳原子　　电子关联

电子关联

碳原子

物理特性

	单壁纳米管	对比
密度	1.33~1.40克/厘米^3。	铝的密度为2.7克/厘米^3。
抗拉强度	450亿帕斯卡。	非常硬的钢合金在20亿帕斯卡时破裂。
弹性	可以大幅度弯曲并回复到其原始形状而不受任何损伤。	金属和碳纤维在类似测试中破裂。
电容	约为10亿安培/厘米^2。	铜线在大约100万安培/厘米^{2}时熔解。
场致发射	如果将电极以1微米的间距排开，能够以1~3伏的电压活化磷酸盐。	钼粉需要50~100伏/米电压的电场，并且活性期间非常短。
热传导	预计在室温下高达6 000瓦/（米·开尔文）。	一块近乎纯净的钻石热导率为3 320瓦/（米·开尔文）。
热稳定性	在真空环境中甚至能在2 800℃时保持稳定，在空气中为750℃。	微晶片中的电线在600~1 000℃时熔解。

化妆品
新的智能乳霜，尤其是高效防晒霜。

电能量传输
室温下传输不损失能量的超导材料。

医药
新型药品，用于分子和基因修复、显微镜、蛋白质构建机器，以及其他应用。

服装
高强度的智能纤维，能防脏渍或能抗病毒和细菌。

太阳能
在利用这种清洁干净而又取之不尽的能源方面取得了巨大进展。

数据存储
已经有一种记忆卡，大小只有3平方毫米，却具有100G的容量。

智能服装

随着智能面料和电脑设计服饰的发明，我们的服装将在未来几年中经历一次自人们首次在市场上出现、并且随时可能售用于大众消费。部分新突破已经存在了：它类开始穿上衣服之后最巨大也最令人惊叹的演变。这些突破还包括综合了几年前难以想象的特性的材料——例如，有的服装不仅能告诉穿着者其自身对体育活动如何有反应、还能通过修改自己而提高性能。●

智能面料

通常作为纳米技术新发展的产物，智能面料展现出将在今后几年中得到广泛使用的惊人特性。

色彩
一种由塑料和玻璃制成的特殊纤维可以与电路共同使用，改变面料反射光线的方式，并由此改变颜色。

舒适
能够除汗，保持皮肤干爽并消除异味的面料。类似的，还有能根据外界温度提供透气或保暖性能的材料。

耐用
已经开发出不起皱、耐脏并且穿了多年和多次水洗后都不变形的面料。

抗静电
能够除静电的面料。这些面料能避免毛发、花粉、灰尘和其他可能对过敏人群造成伤害的微粒堆积。

抗微生物
防止病毒、真菌、细菌和微生物生长的面料。

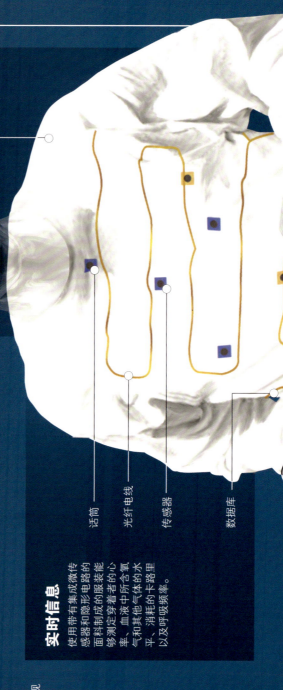

多种用户

智能面料显然对运动员有很大帮助，但它对于患病患者也同样重要，如糖尿病患者，他们经常需要监控自身的情况。

话筒

光纤电线

传感器

数据车

实时信息

使用带有集成微形电路的传感器和隐形电路的服装能够测定穿着者的心率、血液中所含氧气和其他气体的水平、消耗的卡路里以反呼吸频率。

氢汞

这是在抗菌面料纤维中发现的一种元素。它的特性之一是能够毁坏细菌的细胞壁。它还是漂白剂的基础，而漂白剂常用于消毒。

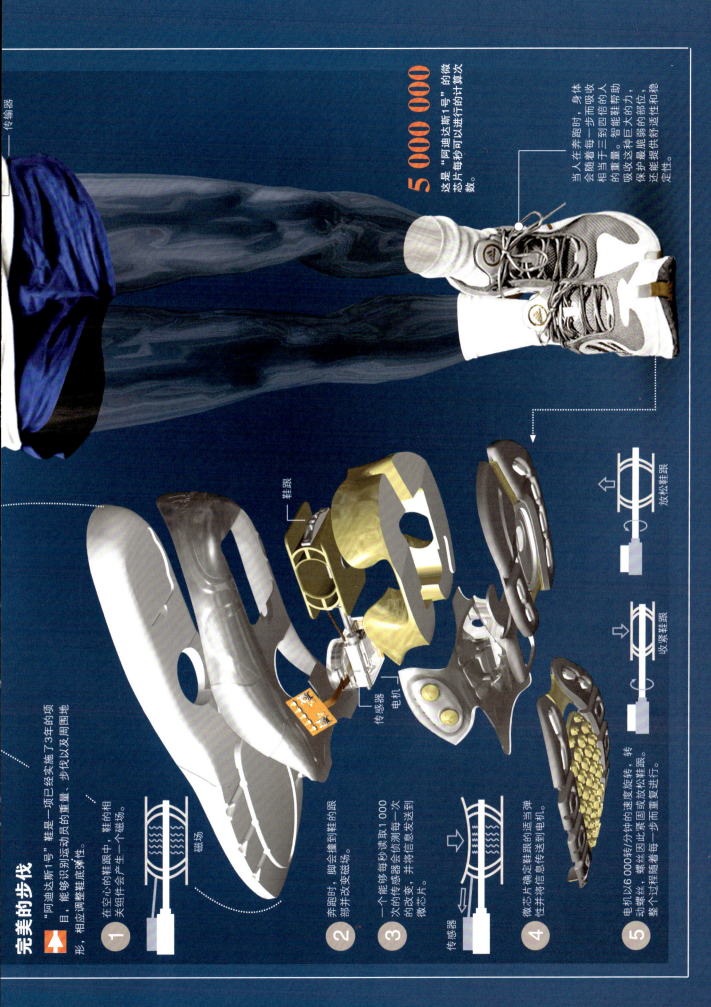

完美的步伐

"阿迪达斯1号"鞋是一项已经实施了3年的顶目,能够识别运动员的重量、步伐以及周围地形,相应调整鞋底弹性。

1 在空心的鞋跟中,鞋的相关组件会产生一个磁场。

磁场

2 奔跑时,脚会撞到鞋跟部并改变磁场。

3 一个能够每秒读取1 000次的传感器会侦测每一次的改变,并将信息发送到微芯片。

传感器

4 微芯片确定鞋跟的适当弹性并将信息传送到电机。

5 电机以6 000转/分钟的速度旋转,转动螺丝,螺丝因此紧固或放松鞋跟,整个过程随着每一步而重复进行。

— 传输器

5 000 000 这是"阿迪达斯1号"的微芯片每秒可以进行的计算次数。

当人在奔跑时,身体会随着每一步而吸收的人相当于三到四倍的重量。智能鞋帮助吸收这种巨大的力,保护最脆弱的部位,还能提供种适性舒适性和稳定性。

鞋跟

传感器

电机

放松鞋跟

收紧鞋跟

生物技术

在 20世纪人们发现构成生物所需的所有信息都能在每一个细胞中找到，只需用4个字母的代码就能写出这些信息（DNA分子），于是这项发现引出一个自然的结论：可以人为修改这些信息而产生具有特定素质的新物种或治疗遗传疾病。但是，直到近年来才开发出实现这些目标的技术。通过这些技术已经产出了一些产品，例如已经在市场上广泛销售同时也产生关于安全和其他问题及大量争议的转基因食品。●

DNA（脱氧核糖核酸）

▷ DNA是一种非常长而薄的分子，包含形成生物所需的所有信息。在多细胞组织中，DNA位于每个细胞的细胞核中。其分子形态是由四种核苷酸组成的长链。这些核苷酸根据其碱基不同而区分开来：腺嘌呤（A）、鸟嘌呤（G）、胞嘧啶（C）、胸腺嘧啶（T）。

转基因生物

▷ 转基因生物是指基因组（由其DNA编码的指令组）中含有另一物种基因的生物。通过基因操纵而导入基因。

植物

有多种转基因植物，尤其是几种在农业中作用较大的作物。它们包括抗除草剂的大豆、自行产生杀虫剂的玉米以及抗干旱的向日葵。

动物

人们创造了一些转基因动物用以大规模生产药物，同时创造了一些用于实验室试验的动物。目前，有计划要开发能够产生用于人体移植器官的转基因猪。

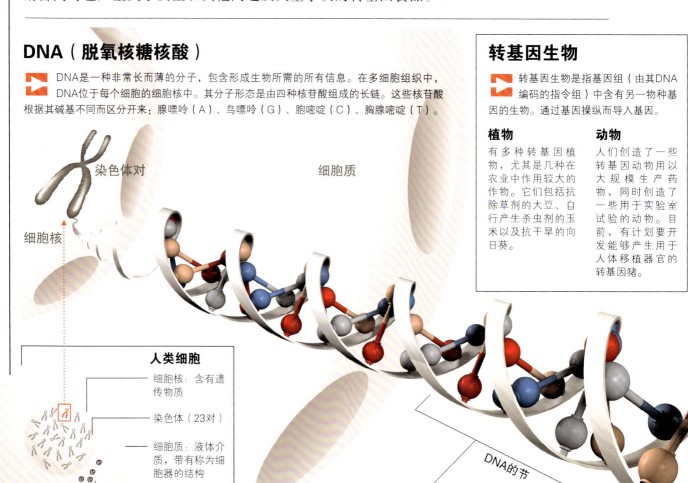

染色体对

细胞质

细胞核

DNA的节

人类细胞

细胞核：含有遗传物质

染色体（23对）

细胞质：液体介质，带有称为细胞器的结构

核糖体：合成蛋白质的部位

转录

1 为了产生一种蛋白质，DNA的两条链会在接到产生蛋白质的指令的部位分裂。

DNA

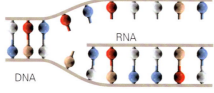

2 DNA代码被一种称为核糖核酸（RNA）的类似分子复制。RNA含有C–G和A–T联接（但以尿嘧啶取代了胸腺嘧啶）。

RNA

DNA

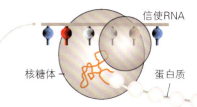

3 RNA离开细胞核并依附于一个核糖体，核糖体根据RNA编码的指令合成氨基酸而产生特定蛋白质。

信使RNA

核糖体

蛋白质

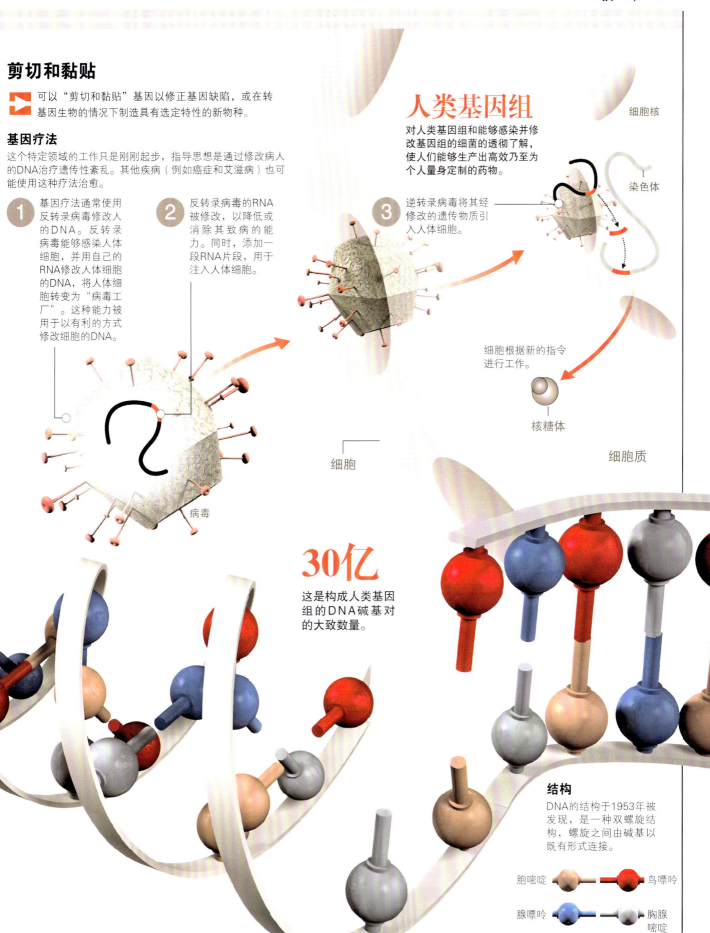

剪切和黏贴

▶ 可以"剪切和黏贴"基因以修正基因缺陷，或在转基因生物的情况下制造具有选定特性的新物种。

基因疗法

这个特定领域的工作只是刚刚起步，指导思想是通过修改病人的DNA治疗遗传性紊乱。其他疾病（例如癌症和艾滋病）也可能使用这种疗法治愈。

1 基因疗法通常使用反转录病毒修改人的DNA。反转录病毒能够感染人体细胞，并用自己的RNA修改人体细胞的DNA，将人体细胞转变为"病毒工厂"。这种能力被用于以有利的方式修改细胞的DNA。

2 反转录病毒的RNA被修改，以降低或消除其致病的能力。同时，添加一段RNA片段，用于注入人体细胞。

3 逆转录病毒将其经修改的遗传物质引入人体细胞。

病毒

细胞

人类基因组

对人类基因组和能够感染并修改基因组的细菌的透彻了解，使人们能够生产出高效乃至为个人量身定制的药物。

细胞核

染色体

细胞根据新的指令进行工作。

核糖体

细胞质

30亿

这是构成人类基因组的DNA碱基对的大致数量。

结构

DNA的结构于1953年被发现，是一种双螺旋结构，螺旋之间由碱基以既有形式连接。

胞嘧啶 —— 鸟嘌呤

腺嘌呤 —— 胸腺嘧啶

人工智能

虽然人工智能的概念在科幻小说中由来已久，但其理论基础直到20世纪50年代初才得以建立。最初，该领域的研究人员在研究这一问题时非常乐观，但在多年后，他们发现创造一种能够像人一样"感知"和行动并且能够抽象思考，以及偶尔以不合逻辑的方式行动的机器是一个极其复杂的挑战。今天已经有很多出色的机器人，但它们仍然缺少这些人类的素质。●

人类最好的朋友

爱宝（AIBO）是目前为止人类创造出来的最复杂的机器人宠物之一。根据索尼公司（于1999年推出该机器人）提供的信息，爱宝会跟主人互动，在高兴时会通过摇尾巴表达心情，也会在被忽略时寻求关注。该产品目前已经停产，顾客们都期望看到更加先进的产品诞生。

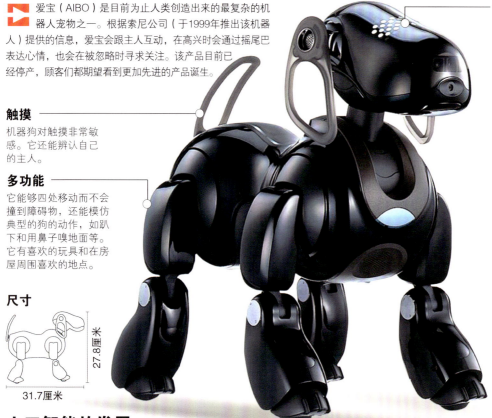

触摸

机器狗对触摸非常敏感。它还能辨认自己的主人。

多功能

它能够四处移动而不会撞到障碍物，还能模仿典型的狗的动作，如趴下和用鼻子嗅地面等。它有喜欢的玩具和在房屋周围喜欢的地点。

尺寸

27.8厘米
31.7厘米

发光二极管（LED）

爱宝通过它的身体活动表达情感。它还可以通过发光二极管显示的图案跟主人交流。

情感

高兴　　愤怒　　悲伤

表达

认出自己的主人　发现一个障碍物　被宠爱

最喜欢的

被自己的主人宠爱　最喜欢的地点　最喜欢的东西

人工智能的发展

对人工智能的研究开始于20世纪50年代，此后发生了一系列的里程碑式的进展。

1950年　**1956年**　　**1962年**　**1973年**　**1994年**　　　**1996年**

图灵测试发布。该测试的目的是确定机器能否被认为具有智能。挑战包括让一个人同时与一台机器和一个人对话。如果此人无法确定哪一位对话者是人类，机器就通过测试。当时，没有机器成功做到这一点。

研究人员约翰·麦卡锡在一次著名的达特茅斯会议上提出"人工智能"一词。

万能自动化公司成立，这是第一家致力于生产机器人的公司。4年后，一种名为ELIZA的电脑程序开始出售。该程序使用一种模仿心理咨询师语言的对话系统。根据大量用户和病人的反馈，这种系统能够诱导出他们的强烈情感。

弗莱迪（Freddy）——一个能够辨认和组装物体的机器人——在苏格兰爱丁堡大学诞生。

由慕尼黑大学和梅赛德斯奔驰公司开发的两辆汽车VaMP和VITA-2在自动控制下行驶，搭载真人乘客以正常交通方式环绕巴黎行驶了大约1 000千米，速度高达130千米/小时。

国际象棋程序首次在与世界国际象棋冠军加里·卡斯帕罗夫对弈的国际象棋比赛中获胜。

机器战胜人类冠军的日子

▶ 1996年2月10日，在人工智能的历史上是一个值得纪念的日子。在这一天，一台名为深蓝的IBM电脑在一场与世界国际象棋冠军加里·卡斯帕罗夫对弈的国际象棋比赛中获胜，由此成为第一台战胜当届世界冠军的电脑。这场比赛是最终以卡斯帕罗夫4比2获胜的比赛的其中一场。1997年，卡斯帕罗夫与深蓝再次比赛，深蓝以3.5比2.5的总比分获胜。

2亿

这是击败世界国际象棋冠军加里·卡斯帕罗夫的深蓝改进版每秒能够计算的棋盘上棋子可能出现的位置的数量。

人形机器人

▶ 它们的人类外表会激发我们的想象力，加强"人形机器人是一种有生命的机器"的印象。目前，可供出售的人形机器人只是作为一种娱乐的来源。

帕佩罗（PaPeRo）

由NEC公司生产。帕佩罗是一种家用机器人，能辨认家庭成员的面孔、分辨颜色、阅读文字、跳舞，还能在主人发出口头命令时给电视换台。它能给孩子讲故事，也能通过它的摄像头眼睛给在办公室的父母们发送孩子的图像。

38.5厘米

这个机器人能够以6千米/小时的速度奔跑，以2.7千米/小时的速度行走。

它的背包里装着一块52伏的锂电池。

这个机器人每只手都能举起0.5千克重量。

← ASIMO

本田公司研制的两足机器人ASIMO（英语"创新移动中的先驱"的首字母缩写）在横滨举行的2000年机器人展示会上亮相。它能够奔跑、跳舞、握手，能像一个侍者一样端饮料盘，还能回答简单的问题。目前该机器人模型大约高1.3米，重54千克。

1998年 1999年

菲比（Furby）诞生，这是一只模仿小精灵的宠物。它会在成长的过程中学习说话。该商品很热销。

辛西娅·布里兹尔设计出"命运"（Kismet），这是第一批能够以自然的方式向人做出回应的机器人之一。

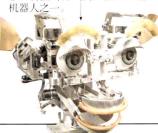

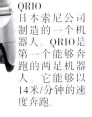

2003年

QRIO
日本索尼公司制造的一个机器人。QRIO是第一个能够奔跑的两足机器人。它能够以14米/分钟的速度奔跑。

虚拟现实

这是一项飞速发展的技术，其目标是骗过感官而营造出多种模仿真实的感觉。虚拟现实技术有很多用途，而这些用途还没被完全发掘出来。目前该技术的应用重点在娱乐形式（玩家在营造出的环境中做出行动）和模拟器（用以培训士兵、飞行员、外科医生及其他极端情况下的职业人员而不让受训者遭遇风险）领域。虚拟现实其他较有发展前景的领域（如将最强大的电脑的能力与精妙的机械设备相结合）是医学（尤其是治疗恐惧症和精神创伤）、市场营销和宣传。●

图像

通过3D编程语言的强大处理器来创建。虚拟现实造型语言VRML是使用最广泛的编程语言之一，但是它正在被X3-D语言（更为复杂的编程语言）取代。

它们是如何生成的

1 建模

创建出物体的形状，赋予其一个框架。经过动画处理之后，可以将该框架用于修改物体的形状和位置。

2 构成

为场景添加质地、颜色和亮度等信息，这些有助于激发更强的现实感。

3 编程

仿真场景的使用者要能够通过赋予物体的特征与物体互动。

欺骗感官

视线
高质量的虚拟现实能够用几种方式误导视觉。这些方式包括使用特殊的头盔和眼镜，并使用超出视觉区域的屏幕，如IMAX影院使用的屏幕。

声音
难点在于生成模拟环境声音的三维音响效果，必须计算人相对于虚拟声源和物体的位置。目前的仿真效果已经很优异，但还有很多工作要做。

气味
虚拟现实仿真已经发展到使用强烈的基本气味，但这些气味非常昂贵。要生成更柔和且更复杂的香味的感觉还是一个长期的任务。

触感
有些系统使用能够让佩戴者感觉到虚拟物体触手可及的手套。但是，完美的仿真应当同时包括温度、形状、硬度和作用力的感觉——这仍然是一个远期目标。

味道
在这项感觉方面尚未取得进展。通常认为，要生成味觉，必须使用与电影《黑客帝国》中设想的神经接口类似的侵入式方式直接刺激大脑。

要 求

多年来，航空公司的飞行员被要求定期在客机驾驶模拟器中进行训练，该模拟器就是虚拟现实最常见的应用之一。

头盔
根据正体验仿真过程的人的头部动作所转变的视角，运用复杂的计算生成三维图像。

数据手套
使用电磁传感器和惯性传感器记录手部和臂部的动作，将这些动作转化为电子信号并加入仿真过程。

通向平行世界

虽然完美的虚拟现实环境尚未被创建出来，但是已经有人只是戴上头盔、手套和特殊的靴子就能够体验到全新的感觉。

耳机

使用一些特定技术，设计模拟3D音效。例如，将来自不同频道的声音延迟几分之一秒后输出，以造成声源来自不同位置的感觉。

质　地

研究人员认为质地是最难模拟的感觉。美国已经开发出能够模拟多种级别砂纸质地的实验系统。

控制器

最先进的控制器是无线式分离的，就是说，跟传统的游戏手柄不同，控制操作将不依附于任何类型的具体结构。这些控制器将信号传输到带有红外辐射设备的处理器，并且能够通过一个惯性系统记录位置、移动、速度和加速情况。

7.39 亿美元

这是电影《黑客帝国：重装上阵》（《黑客帝国》电影三部曲的最后一部）的全球总票房，使这部电影成为史上票房收入最高的25部电影之一。

靴子

功能类似数据手套，为仿真提供反馈信息。靴子会指明使用者是否在奔跑、行走或休息。

演变

在大约半个世纪的演变过程中，虚拟现实已经从美妙的电影幻想发展成为非常具有前景的精密技术。

1962年 莫顿·海利希是一位电影摄影师，建立了感官电影。观众坐在能够振动的椅子上，被放映着电影（如骑车穿越纽约市）的三块屏幕围绕。影院能够产生气味、空气流动和其他效果。这是第一台虚拟现实模拟器。

1968年 一位先驱电脑科学家伊凡·苏泽兰建议使用能够放置在观众头上，并通过对头部的转动方向作出回应而让仿真效果更加真实的视频显示器。所取得的成果是头戴式显示器（HMD），其早期模型是一个使用镜面的双投影系统。

20世纪80年代 1977年：第一副数据手套获得专利。

训练战斗机飞行员的模拟器取得巨大进展，通过使用头戴显示器训练飞行员。

1989年：美国国防部创建了SimNet——一个训练军队的仿真系统。

20世纪90年代 开发出很多制造触感和气味模拟器的实验性方法，同时完善了视觉和声音的仿真效果。

完美的仿真

于1999年首映的《黑客帝国》电影三部曲呈现了一个理想化的虚拟现实世界。故事发生在一个由机器统治的世界中，人类生活在虚拟的世界里。人类的大脑与一个虚拟现实计算机相连。这台计算机制造出完美的仿真效果，让人类甚至不会怀疑他们生活在一个虚幻的世界里。

未来士兵

几个世纪以来，各国都致力于研究各种各样的方案来武装和保护他们的士兵。根据目前的发展情况，未来的任何一名士兵都可被视作一部机器人设备，能够随时与自己的战友保持联系，配备的装备能够适应各种地形、环境或条件下的战斗，使用最精确致命的武器。这项研究虽然取得了一些进展，但目前主要的挑战仍在于应对士兵自身的脆弱之处。置身于最现代化的制服和最先进的战斗系统中的仍然是人类自身。就这一点而言，可能创造出智能军用服装的纳米技术的发展将真正具有革命性意义。●

陆地战士

▶ 这个词汇被用来指武装陆地士兵的最现代化也最具有科技含量的方式，它在伊拉克战争中曾被少量使用，但设备的重量和相对较短的电池寿命使该项目被搁置。目前正在研究更新的技术以使其得到改进。

无人驾驶车辆

▶ 设计用于在无人状态下提供支持、火力和侦查。

红外传感器
能够在绝对黑暗的环境中通过人体发出的热量侦测到人体。

摄像头视野
可以直接通过头盔上的设备查看摄像头生成的图像。

复合天线
接收和发射无线电信号、GPS信号和视频信号以及其他类型的信息。士兵能始终与编队中的其他士兵保持联系，这有助于避免孤立无援感。

美洲狮
无人地面攻击车。提供高强度火力而无需让人员生命遭受威胁。

单眼屏幕
能够向士兵显示位置地图、军队的部署地点以及其他信息。它还能显示来自无人驾驶车辆的图像。

控制单元
士兵使用控制单元控制所有的系统。

模块化陶瓷背心
这种背心分成几块盔甲，用于保护士兵免受类似M16自动步枪之类武器弹药的伤害。

系统所用能量
系统配备了锂电池，能够运行24小时。

面罩
用于防生化武器。

防水材料
能够维持正常体温，甚至在极端条件下也是如此。

食物和水的净化系统
不断提供饮用水、罐头食品或干粮，共有24个品种。

20亿美元

这是10年中用于开发陆地战士项目的费用。武装一名士兵的成本低于30 000美元。

靴子
更轻便，并且能够减少摩擦。

60小时

这是一些UAV（无人飞行器）的最大自主飞行时间。无人飞行器能够做出一些非常突然且极端的机动飞行动作，这些动作是人类机组成员无法承受的。

未来军队战士

这是为未来士兵研发的计划程序，用于防卫、观察和侦测的多种技术系统将集成到头盔中，而纳米技术的发展将带来"智能"制服。

武器
通过侦测敌人身体热量来瞄准目标的精确制导子弹。

威 慑

除了致命的系统和武器之外，用高技术武装的士兵仅凭外形就能对敌人施加心理上的影响。

头盔
集成红外视线系统、热传感器、生化武器传感器以及夜视摄像头。它有一个平视式显示器，士兵可以用它来监控周边区域。

制服
这种制服轻便防水，能够帮助维持体温，还能根据地形改变颜色。

侦测毒素的传感器。一个微芯片会使用相关信息，通过释放特定的解毒剂来保护士兵。

生物探测器监控士兵的血压和脉搏等读数。

通过智能布料自动治疗创伤。

隐藏体温以躲避敌人的红外传感器。

壁虎技术帮助士兵攀爬墙壁。

靴子
可以借助动力电池存储因移动产生的能量。

小型牵引车
一种设计用于多种用途的陆地车辆，用途包括交通、地雷探测以及为空中支援提供协助。

长期任务

虽然大多数这类系统目前正在开发中，但它们不太可能会在21世纪的前25年内成为常规装备的军事设备。

- 可食疫苗
- 带有生物标记以帮助远程识别军队的食物
- 高营养食物棒
- 带有蛋白质涂层的制服
屏蔽敌方传感器。
- 计量生物学传感器
始终监控士兵的生理指标。

- **止血布料**
对身体受伤部位施加精确的压力。
- **提高的新陈代谢水平**
能够改善对特定组织的氧气供应情况，并为特定细胞补充能量。
- **热生理学**
用于精确控制体温的技术。

无人飞行器（UAV）
小型的勘察监视飞行器。有些无人飞行器能够携带武器攻击特定目标。

空间探索

截至20世纪末，太阳系的所有行星都已经被空间探测器访问过，包括天王星和海王星这两颗最遥远的行星。在某些情况下，此类访问只是一次飞越该天体的探测飞行任务，但是可以提供在地球上不可能得到的数据。而其他一些任务则曾经将空间探测器送入行星周围的轨道，另外还有一些任务曾经将探测器送上金星、火星和土卫六（土星的卫星之一）。1969年，人类成功登上月球，而现在已经有计划要将人类送上火星。●

无人航天器

无人航天器已经实现了针对所有行星的飞行任务。在可能的情况下它们的航线都借助了一颗或多颗行星的引力场，以尽量减少对燃料的需求。

国际空间站

地球

很多人造卫星和载人航天任务都已经或正在围绕地球轨道飞行。绕轨道飞行的国际空间站上始终有宇航员在值班。

航天飞机

航天飞机是自1981年首次发射以来，使用最频繁的载人航天器。但是，航天飞机无法飞越超过700千米地球轨道以外的区域。

航天飞机

水星

"水手10号"在1974—1975年通过3次近天体飞行探访了水星，距水星的最近距离为327千米。探测器测绘了水星45%的面积，并进行了多种测量。2011年，"信使号"探测器在2008年和2009年的近天体飞行后进入环绕水星的轨道。

月球

"阿波罗"任务（1969—1972年）将12名宇航员送到了月球表面，该系列任务是仅有的将人类送出地球轨道的任务。美国和中国都在准备飞向月球的新的载人航天计划。

金星

金星是自月球之后被访问最多的天体。人类已经使用轨道航天器和登陆器对金星进行了研究，很多项目都是在20世纪70~80年代实施的。在"织女星号"任务和"金星号"任务期间，以及"水手号"任务和"麦哲伦号"任务期间，对该行星表面进行了测绘，甚至挖掘，同时对其大气进行了分析。目前，"金星快车"探测器正在从金星轨道对金星进行研究。

距太阳的距离	水星	金星	地球	火星
57 900 000千米	108 000 000千米	150 000 000千米	227 900 000千米	

木星

1973年，"先驱者10号"首次造访了这个太阳系的巨人。另外7颗探测器（"先驱者11号"、"旅行者1号"和"旅行者2号"、"尤利西斯号"、"卡西尼号"、"伽利略号"和"新地平线号"）在此之后都对木星进行了近天体飞行。从1995年到2003年，"伽利略号"对木星及其卫星的研究长达8年，并传回了科学价值不可估量的图像和数据。

海王星

只有"旅行者2号"于1989年探访过这位遥远的蓝色巨人。

天王星

1986年，"旅行者2号"探访天王星，拍摄该行星的照片并记录了相关数据。这是唯一一次抵达天王星的航天任务。

7年

这是"卡西尼号"探测器从地球飞到木星的时间。"伽利略号"在6年内到达木星。

土星

只有4次任务探访过土星。前3次——"先驱者11号"（1979年）、"旅行者1号"（1980年）和"旅行者2号"（1981年）——都是以34 000~350 000千米的距离飞过这颗行星。"卡西尼号"正相反，于2004年进入环绕土星的轨道，获取了该行星及其光环令人惊艳的图像。"卡西尼号"任务的一部分是发射"惠更斯号"探测器。"惠更斯号"成功的在土星的神秘卫星——土卫六表面着陆。

飞出太阳系

➡ 离开海王星后，空间探测器"先驱者10号"和"先驱者11号"，以及"探险者1号"和"探险者2号"正在飞向太阳系的边缘。

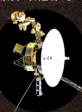

"先驱者10号"和"先驱者11号"

它们发射于1972年和1973年，访问了木星和土星。与这两颗探测器的联系分别于1997年和1995年中断。它们都携带了一块金属板，上面有关于地球和人类的信息，科学家预期它们最终会被地外文明发现。"先驱者10号"飞向毕宿五，它将在170万年后到达。

"旅行者1号"和"旅行者2号"

它们发射于1977年，各携带一张镀金的光盘，上面录有来自地球的音乐、用多种语言录制的祝福、声音和照片，还有关于地球科学的解读。探测器飞经木星、土星、天王星和海王星，始终与地球保持联系。部分数据表明，2003年"旅行者1号"可能已经穿过位于太阳系外层的太阳风层顶。

爱神星

2000年，"尼尔-舒梅克号"探测器进入环绕433号近地小行星爱神星的轨道。1986年，6颗航天器（包括"乔托号"）抵达哈雷彗星。

火星

1965年，"水手4号"拍摄了第一批22张火星特写照片。自此，很多人造航天器和着陆在火星表面的探测器都探访了这颗行星。最值得注意的是"海盗号"任务（1976年）、"火星探路者"任务（1997年）、"火星环球探测者号"任务（1997年）和"火星探测漫游者号"任务（2004年）。

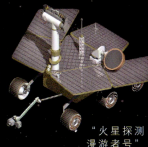

"火星探测漫游者号"（2004年）

太阳系外行星

几个世纪以来，一直有人猜测宇宙中可能有行星以与太阳系行星（包括地球）围绕太阳旋转同样的方式围绕其他恒星旋转。但是，人类有能力侦测这样的天体也只是近十几年来的事情，而且是间接地依靠提高了灵敏度的新型望远镜和测量设备。确认这些太阳系外行星的存在骤然增加了生命存在于宇宙中其他角落的可能性。●

遥远的世界

▶ 到2012年，天文学家已经在600余个太阳系外行星系统中发现了大约800颗行星。这些数字表明很多此类太阳系外行星参与构成类似于太阳系的系统，也就是有一颗以上的行星围绕一颗恒星旋转。

气态行星
几乎所有目前侦测到的太阳系外行星都是气态行星，类似于太阳系中的木星、土星、天王星和海王星。

第一张照片？
2004年拍摄到了可能是第一张恒星和太阳系外行星的图像照片，该天体被命名为2M1207b和GQ Lup b（见下图）。但是，目前科学家还在讨论这些小型天体究竟是真正的行星还是棕矮星。

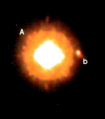

2.2小时
这是行星 "PSR 1719–14b" 绕其恒星旋转一周所需的时间。这是目前所知行星最短的轨道周期。

著名的太阳系外行星

▶ 在已经侦测到的太阳系外行星中，其特征有着惊人的与众不同之处。

第一颗 **51 Pegasi b**	最热的 **WASP–33b**	质量最大的 **尚未确定**	最小的 **Kepler–42d**	最近的 **天苑四b**	最远的 **SWEEPS 4b**
发现于1995年，这是第一颗被发现环绕普通恒星旋转的太阳系外行星。它是一颗气态行星；质量大约为木星的一半，距地球47.9光年。	这颗气态行星在质量上大于木星，但体积相似。它围绕其恒星旋转，与恒星间的距离是地球距太阳距离的1/50，表面温度大约为3500℃。	有几颗质量相当于11个木星的大型行星天体。质量大于这个值的行星大小的物体被认为几乎属于类恒星天体。它们被称为棕矮星，对其如何分类还在讨论中。	位置在距太阳系大约125光年处，它是一颗类似地球的岩态行星。它的直径只有地球直径的57%。	这颗气态的木星大小的庞然大物围绕恒星天苑四旋转。天苑四具有与太阳类似的特点，虽然它更小一些而且亮度稍弱。天苑四距太阳系只有10.5光年。	这颗行星于2006年在其恒星前面通过时被发现。它是一个气态的庞然大物，围绕一颗恒星旋转，两者之间的距离为地球和太阳之间距离的1/20，它距太阳系大约28 000光年。

恒星

几乎所有类型的恒星附近都找到了行星系统，包括双星、三星以及各种大小和温度的恒星。这一事实极大地增加了某些行星系统有生命存在的可能性。

岩态行星

此类行星为类似水星、金星、地球和火星这样的岩态行星。这些是天文学家正在寻找的行星，因为它们最可能有生命存在。

127亿年

这是所有已知太阳系外行星中最古老的行星PSR B1620-26b的年龄。这颗行星绕一个双脉冲星系统运行。年轻得多的地球"只有"50亿年的年龄。

与地球相似的世界

 天文学家报告的多个太阳系外行星中，Gliese 581 d是最像行星地球的世界。它围绕一颗红矮星旋转，并且据信它可能具备产生生命的基本条件。

地球

- **体积**：直径12 756千米
- **质量**：5.976×10^{24}千克
- **与其恒星之间的距离**：15 000万千米，或1天文单位。
- **温度**：$-80 \sim 50$℃
- **轨道周期**：365天
- **水**：气态、液态和固态。

Gliese 581d

- **体积**：直径是地球直径的大约2倍。
- **质量**：是地球质量的5.6倍。
- **与其恒星之间的距离**：是地球与太阳之间距离的1/4（0.22 天文单位）。
- **温度**：未知，但据信在 $-13 \sim 42$℃。
- **轨道周期**：66.6 天
- **水**：可能有适合于液态水存在的条件。

间接探测

 太阳系外行星是离太阳系非常遥远的暗天体，它们始终处于自己围绕的恒星的光芒之中。因此，通常只能用间接的方式侦测到它们，因为目前是不可能"看到"这类行星的。

光谱显示红移

1 行星的引力使恒星发生朝向行星的微小位移。来自恒星的光谱会显示出红移，这表明恒星正在偏离地球。

光谱显示蓝移

2 当行星位于轨道的另一侧时，恒星的光谱会显示出蓝移，这表明行星正在向地球移近。

这个过程不断重复，显示出行星的存在。要使行星的恒星发生明显的移动，行星必须有一股强劲的引力，这意味着目前只能侦测到质量至少为地球质量四倍的行星。

隧道显微镜

纳米技术的很多应用都在探索和开发之中，但正是扫描隧道显微镜（STM）的开发让人们第一次看到了原子和分子，而这种奇妙的设备（其运行原理建立在被称为隧道效应的量子力学概念上）也是一种强大的工具。研究人员已经开始将这种新工具应用在令人称奇的新技术领域，如操纵单个的原子和分子在纳米量级水平上构建新材料和结构。●

看到微观世界的艺术

随着17世纪早期光学显微镜的发明，人们第一次超越了视觉上的限制，得以窥视从未见到过的微观世界。随后，于大约20世纪中期发明了电子显微镜。20世纪80年代扫描隧道显微镜面世后，人们终于能够看到单个的原子的图像。

人眼
▦ 分辨率：1/10毫米

光学显微镜
使用由镜头聚焦的可见光。显微镜的分辨率受到光波波长的限制。

🔍 放大率最高可达2 000倍 | ▦ 分辨率：200纳米 | 👁 图像：透明的二维图像

透射式电子显微镜
通过聚焦电子束照亮样本，也就是说，它使用比可见光更短的波长，并由此克服了光的局限性。

🔍 放大率高达1 000 000倍 | ▦ 分辨率：0.5纳米 | 👁 图像：透明的二维图像

扫描电子显微镜
使用一束电子扫描样本并读取其表面的信息。

🔍 放大率高达1 000 000倍 | ▦ 分辨率：10纳米 | 👁 图像：不透明的三维图像

扫描隧道显微镜
基于量子论原理，它实现了原子级别的成像。

🔍 放大率高达1 000 000 000倍 | ▦ 分辨率：0.001纳米（垂直）和0.1纳米（水平） | 👁 图像：原子结构的三维图形图像

隧道电流

隧道电流是样本和探测器之间因隧道效应而流过的一股电子流，该电流是通过在样本和探测器之间施加电压而产生的。电流强度根据探测器的尖端和样本之间的距离而有所不同，换句话说，是根据样本表面的凹凸情况而有所不同。

诺贝尔奖

物理学家盖尔德·宾尼希（德国人）和海因里希·罗雷尔（瑞士人）于1981年建立了开发扫描隧道显微镜的理论基础。因为这项工作，他们于1986年被授予诺贝尔物理学奖。

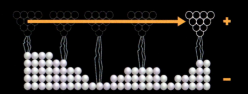

扫描隧道显微镜探测器
探测器的尖端是一种不含氧化物的电导体，其尖端制作得尽可能的尖锐——最理想的状态是在尖端只有一个原子。

样本
用于扫描隧道显微镜的样本必须是由金属制成或是半导体，并且必须非常光滑。它的表面粗糙度应当小于一千分之一毫米。

工作中的扫描隧道显微镜

为了看到原子，扫描隧道显微镜用一种非常细的探针读取物体表面的信息，类似于一个人可以用指尖触摸凸点图案而阅读布莱叶盲文。

在原子量级读取表面信息的过程要求在扫描隧道显微镜探测器和样本之间产生一股隧道电流。为此，整台显微镜的工作状态就像一条电路。

成果

这里显示的是样本的原子和电子结构峰谷的图像。

处理器将探测器按隧道电流强度登记的变量转换为代表样品表面原子结构的图像。

隧道效应

在性质上属于量子力学范畴。在人的日常生活层面没有相似的效应。

在经典物理学中
如果位垒的能量大于粒子的能量，则粒子无法穿过能量位垒（一种势垒）。

波被壁垒反弹

在量子力学中
粒子没有具体的位置，而是具有波的特性，其位置以概率云的方式定义，而概率云超越了位垒。凭借这种方式，粒子实际上能够以隧道穿越的方式穿过位垒。

但波的一部分能够穿过壁垒。

因为有了隧道效应，电子从扫描隧道显微镜探测器到达样本，而不管其间由真空形成的位垒。人们计量这种隧道电流的强度，以确定正在研究的样本上的原子的分布情况。

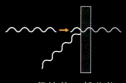

操纵原子

扫描隧道显微镜最惊人的应用之一是操纵单个的原子和分子，将其用作微观结构构建的组成材料。这项试验性的技术可能导致一些具有未知属性的新材料的诞生。

1 探测器最初是用其扫描模式识别将要移动的原子。

2 探测器尖端逐渐靠近原子，直到几乎触及的程度。由探测器尖端产生的吸引力随后沿着样本表面拉动原子。

3 探测器的电场强度被降低，将原子释放到需要的位置。

  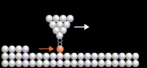 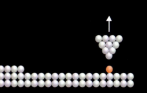

强子对撞机

大型强子对撞机（LHC）是欧洲核研究组织（CERN）的一种庞大的科学设施。它安装在一条地下隧道中。该地下隧道的形状是直径为8.5千米的环，位于法国和瑞士之间边境地区的地下。该设施的功能是使粒子带着巨大的能量互相碰撞，将粒子击碎并获取并获取关于宇宙基本力量的数据。这种信息可能有助于发现新的基本粒子，也有助于确认基本粒子的存在（基本粒子的存在目前只是理论上被确定）。●

瑞士

日内瓦湖

日内

法国

0 10

环 这些隧道是环状的，在地下100~175米深处。

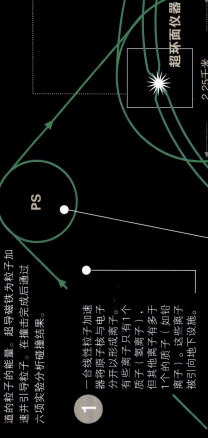

21.9米

粒子碰撞

45.7米

ATLAS探测器
该设备通过粒子碰撞探索物质的基本性质和控制宇宙的基本力量，重达7 000吨。

综合设施

由一些环形的隧道组组成，每条环形隧道都会提升粒子的能量。超导磁铁为粒子加速并引导粒子。在撞击完成后通过六项实验研究碰撞结果。

① 一台线性粒子加速器将原子核与电子分开以形成离子。有些离子只有1个质子（氢离子），但其他离子有多个质子（如铅离子）。这些离子被引导向地下设施。

② 离子被加速到接近光速。

③ 强无线电波脉冲将离子的能量提升到4 000亿电伏。

— 氢离子（单质子）或铅离子

离子对撞机

超环面仪器

2.25千米

SPS

LHC底夸克

PS

8.53千米

大爆炸

通过获取与基本粒子和基本力量相关的数据，大型强子对撞机使我们能够了解大爆炸（宇宙的初始大爆炸）后几分之一秒内宇宙的性质。

碰撞记录

在高能级发生碰撞的粒子产生大量的仅存在百万分之一秒的基本粒子，必须在这极短的时间内侦测和分析这些粒子。

CMS

- μ介子
- 电子
- 光子
- 带电强子
- 中性强子

μ介子探测器

超导磁铁

强子能量度器

粒子的碰撞

电磁能量度器

硅跟踪仪

即将发生碰撞的粒子进入。

4

此时已经具有非常高的能量的数十亿个粒子的粒子流被引入大型强子对撞机，其中一些朝向一个方向前进，另一些朝向相反方向前进。超导磁铁会使粒子相互碰撞前将其能量增强十倍。

大型强子对撞机

在大型强子对撞机中，高能质子或高能铅离子相互碰撞。这些粒子因碰撞而分裂后，基本粒子就在百万分之一秒内诞生了。

CMS探测器

该设备重达12500吨，被设计用于分析由强子级高级能的质子产生的其他基本粒子（如光子、μ介子和其他基本粒子的质量，能量和速度。

μ介子探测器
μ介子探测器能够探测到这种基本粒子，并计量其质量和速度。

超导磁铁
这些磁铁被用液氮冷却到接近绝对零度（约-273℃），是目前为止人类制造的最大的磁铁，为止人类制造的磁铁，它们赋予基本粒子以高能量并引导粒子的前进方向。

硅跟踪仪
用来跟踪带电粒子，并计量其速度和质量。

电磁能量度器
精确计量轻量基本粒子（如电子和光子）的能量。

强子能量度器
记录强子的能量，分析强子与原子核的互动情况。

即将发生碰撞的粒子进入。

21.5米

15米

米

术　语

氨基酸

一类含有一个羧基团（–COOH）和一个游离氨基团（–NH$_2$）的分子类型。它的代表式通常是"NH$_2$–CHR–COOH"，其中的R是表现各氨基酸特征的基链或侧链。很多氨基酸都能够合成蛋白质。

半导体

一类表现介于导体或绝缘体（取决于周围电场）之间的物质。最常见的半导体元素为硅。其他半导体元素是锗、硒、碲、铅、锑和砷。

比重

指材料每单位体积的重量。在公制单位中，它是以千克力/米^{3}衡量；在国际单位制中，它是以牛/米^{3}衡量。

波长

在波动力学中，波长是（在传播波的方向上测量）给定频率的传播波相邻两对应点（如波峰或波谷）之间的距离。

催化剂

能够使化学反应加速或减速而自身保持不变的物质（它不会因反应而消耗）。这一过程被称为催化。催化剂不改变化学反应最终的能量平衡，而是让化学反应以更快或更慢的速度到达均衡。在自然界中存在生物催化剂，而其中最重要的是酶，另外有些核糖核酸也有催化能力。

单体

分子量低、可与其他单体经由化学键构成聚合体的小分子。

导管

在医学领域，导管是指能够插入体腔或血管的一种器具。用导管可以进行注射、排液或配合外科器械使用。

电磁辐射

是指电场和磁场结合在一起，不断振荡并相互垂直，穿过区域传播，将能量从一个地方传送到另一个地方。与其他类型的波（如声波需要物质媒介才能传播）相反，电磁辐射可以在真空中传播。

电路

电路由一系列电气元件及部件组成，包括电阻器、电容器及电源，彼此相连用以发出、传输及修改电信号。

电信学

一项使信息从一个点传到另一个点的技术，通常是双向的。这个术语囊括了所有形式的远距离通信（无线电、电报、电视、电话、数据传输和电脑网络）。

短信息服务（SMS）

SMS是"short message service"（短信息服务）的缩写。短消息通常被称为文本消息，是一种将短信息发往移动电话、座机和其他手持设备或从这些设备发出短信息的方式。短信息服务最初被作为GSM（全球移动通信系统）标准的一部分，但现在已经能够通过多种网络使用。

对流

对流是传递热量的三种方式之一：它是通过物质在不同温度的区域中流动而实现热传递。对流只在液体（包括气体）中发生。当一部分液体被加热后，其密度降低，并且会在较冷部分液体取代其位置后上升。这些部分随之被加热，不断重复这一循环。结果就是通过液体各部分的上升和下降实现热传递。

对数

在数学中，对数是指数函数的反函数。因此，数字x以b为底的对数就是为得到该给定数字而需要该底数使用的指数。对于等式bn=x，对数就是给出n的函数。该函数写为n=log$_b$x。

二极管

允许电流向一个方向流动的装置。低于给定电势差时，二极管的表现类似于断路（也就是说它不导电）；高于给定电势差时，二极管的表现类似于闭合电路，且电阻很小。由于这种表现和它们能够将交流电转化为直流电的能力，二极管通常被称为整流器。

高分子

具有较大分子质量和较多原子的分子。高分子通常是一个或少量构成聚合体的最小单位（单体）复制的结果。它们可能是有机的或无机的，而很多高分子在生化领域都非常重要。塑料就是一种合成有机分子。

光电池

也被称为光伏电池，是一种对光敏感的电子装置，能够由光产生电力。一组光电池被称为光伏电板，是一种将太阳辐射转化为电力的装置。

光学字符识别（OCR）

OCR是"optical character recognition"（光学字符识别）的缩写。它是一种电脑软件，被设计用于解读文本的图像数据并将图像存储为与文字处理程序兼容的格式。除了文本本身外，它还能侦测所采用的格式和语言。

含氯氟烃（CFC）

含氯氟烃是用氯原子或氟原子取代氢原子后得到的各种饱和烃化合物的名称。因为它们具有高度的物理和化学稳定性，含氯氟烃被广泛用作液态制冷剂、灭火剂和气雾推进剂。对含氯氟烃的使用已经被蒙特利尔议定书禁止，因为含氟氯烃会破坏位于海平面以上50千米处平流层的臭氧层。

赫兹

国际单位制的频率单位。赫兹是以德国物理学家海因里希·鲁道夫·赫兹的名字命名的，这位物理学家发现了电磁波的传递。1赫兹（Hz）代表每秒一个周期，此处一个周期是指一次事件的循环。

活动视镜

1877年由埃米尔·雷诺发明的光学设备。它使用一条放置在一系列旋转圆筒内表面的图片带。一个镜面系统能够让观看者在向下看圆筒里面时感受到运动图像的错觉。1889年，雷诺开发了光学影戏机，这是一种能够从更长的图片卷向屏幕投影图像的改进版本。这位动画先驱者的光芒很快就因卢米埃尔兄弟的摄影电影放映机而黯淡下去。

基因

生物体内遗传的基本单位。在分子层面上，基因是脱氧核糖核酸分子中核苷酸的线性排列；脱氧核糖核酸分子含有合成具备特定细胞功能的大分子所需的所有必要信息。基因存在于每条染色体中，占据一个被称为位点的特定位置。物种中特定的基因组合被称为该物种的基因组。

晶体管

用于增幅电流、产生电振荡和实现调制、探测和开关功能的半导体电子装置。

聚合体

一般是指由分子和单体组合而成的有机高分子。

陆地战士

军事装备，类似于阿诺德·施瓦辛格主演的电影《终结者》（1984年）中穿着的装备。这套穿戴式系统包括电子武器、壳体式计算机及防化学攻击系统。

酶

催化化学反应的原生质。该术语来自希腊语词，意思是"发酵"。酶是蛋白质。有些核糖核酸也能催化与核酸的复制和成熟相关的反应。

纳米机器人

尺寸只有人的头发直径的数千分之一的特殊机器人。

纳米技术

指小于100纳米（1纳米等于10^{-9}米）的微小设备的开发及生产。纳米技术有希望使人类获得构造十分严密且具有非常特性的物质。这些物质的结构能够达到史无前例的坚固程度，并能够开发出结构紧凑、功能强大的电脑。纳米技术可能会带来以原子为单位的生产方式，并可能在细胞大小的体积级别上实施外科手术。

拟人机器

指外观、身高、体重都与人类类似的自主机器人。能够看、听及学习人类各种主要活动。

PAL制式

逐行相位交替即所谓PAL制式是在世界上绝大多数地区用于彩色模拟电视系统广播的编码系统。该制式开发于德国，用于大多数非洲、亚洲和欧洲国家，也用于澳大利亚和一些拉丁美洲国家。

频率

在波动力学中，频率是指每单位时间内（通常是每秒）波的振动次数（或完整周期）。通常人耳能够接收20赫兹到20 000赫兹（每秒的周期数）的频率。

频闪观测仪

该仪器用于让一个做圆周运动的物体看起来是静止的或缓慢移动的。它让灯以给定间隔点亮或熄灭所需次数。该设备曾被用作留声机上表明转盘正在以正确的速度转动的指示器。

前列腺素

由含有20个碳原子的脂肪酸衍生而成的一组物质中的任何一种。这些物质被认为是细胞介质，具有不同功能，而它们的功能往往截然相反。"前列腺素"这个名称来自"前列腺"。在1936年首次将前列腺素从精液中分离出来后，人们认为它是前列腺液的一部分。1971年，人们确定乙酰水杨酸能够抑制前列腺素的合成。

强子

物理学中，强子就是亚原子粒子，同核子发生强烈的相互作用。

全球定位系统（GPS）

GPS是"Global Positioning System"（全球定位系统）的缩写。这是一种能够确定位于任何地方的人员、车辆、船只等的精确位置的系统，误差不超过几厘米。全球定位系统使用一个由处于同步轨道内的24颗主要卫星构成的覆盖地球表面的网络。

染色体

含有遗传物质的细胞中心核内的基因长链分子。每条染色体都由一个单独的DNA大分子与相关蛋白质构成。任何给定物种的染色体数量都是恒定的。人类有46条染色体。

热力学

这是一个物理学分支，研究对象是能量和能量转化为其多种表现形式的方式（如热能）以及做功的能力。热力学与统计力学联系紧密，由此人们可以衍生出很多热力关系。热力学研究宏观层面的物理系统，而统计力学通常描述微观层面的相同现象。

软件

使电脑能够实施特定任务的程序和指令组。该术语是相对于系统的物理组件（硬件）而言。

三角法

三角法在希腊语中意思是"三角形测量"，是数学的一个分支，研究角度、三角形以及两者之间的关系（三角函数）。三角法有很多用途。例如，三角测量技术在天文学中用于测量与临近星球之间的距离，在地理学中用于测量地标之间的距离。三角测量技术也被用于卫星导航系统。

条形码

将宽度不等的多个黑条和空白，按照一定的编码规则排列，用以表达一组信息。条形码能够在物流过程中随时迅速追查物品的身份，因此可以对货物从生产商或供应商到客户手中的整个分销过程进行跟踪，有关库存情况的实时信息能够自动确定装货安排。今天，条形码广泛应用于世界各地。

调幅

在电信学中，调幅（AM）是承载信息的波的线性调制。调幅的工作方式是改变与所传送信息的变动相关的波的幅度。

调频（FM）

在电信学中FM指调频。它是将信息编码到载波中的过程，无论以数字或是模拟形式，方式是根据输入信号的变化而瞬时改变其频率。

调制

在电信技术中，调制是指用载波传递信息的整套技术。这些技术能够更有效地使用通信信道，由此有利于在保护通信信道避开干扰和噪音的同时传递更多信息。

脱氧核糖核酸（DNA）

DNA是"deoxyribonucleic acid"（脱氧核糖核酸）的缩写。这是染色体最基本的化学成分，也是制造基因的材料。它的功能是提供构成与原生物体完全相同（或几乎完全相同，如当它与另一条链结合时，有性生殖就是这种情形）的生物体所需的指令。脱氧核糖核酸是一种聚合体，其单体由一个磷酸基团、一个去氧核糖和一个含氮碱基构成。这四种碱基是腺嘌呤（A）、鸟嘌呤（G）、胞核嘧啶（C）和胸腺嘧啶（T）。脱氧核糖核酸的结构是一种双螺旋形的核苷酸长链。

推进剂

推进剂装在喷雾剂容器中，是用于推动物质的气体。含氯氟烃过去经常被使用，直到人们发现它们对大气臭氧层有消极影响。另一种用于喷雾剂容器的推进剂是丁烷。

Wii游戏遥控器

任天堂推出的游戏主机Wii的遥控器。其最突出的功能就是能够探测到空间中的运动方式，并在屏幕上将物体的位置确定出来。

微处理器

高度集成的电子电路组，用于电脑的计算和控制。在电脑中，这就是中央处理单元（CPU）。

钨

是一种化学元素，原子序数74，属于元素周期表第6组。它的符号是W。钨是一种高强度难熔金属，在地表的一些矿物中能够找到。钨呈青灰色，非常坚硬而沉重，具有所有非合金金属元素中最高的熔点。它被用于电灯泡灯丝、电阻和工具制造（与钢形成合金）。

细胞

生物体中主要的结构单元和功能单元。

显像粉

因为其功能跟墨水相似，也被称为"干墨水"。显像粉是一种很细的粉末，通常是黑色的，用于堆积在使用静电吸引力法印刷的纸张上。色素黏附后，它会因必要的压力或热量而固定在纸上。因为其间不涉及液体，该过程最初被称为"静电复印术"。

虚拟现实

计算机在一定程度上创造出来的虚拟世界。虚拟现实在很多方面被视作人与计算机之间的接触界面。虚拟现实基本上能够模拟人类的各种感官，例如视觉、听觉、触觉，甚至于还能模拟加速度及运动的感觉。这些感觉都以一种浸入式的方式展现在使用者的面前，这一切都是由计算机创造出来的，在这种环境下，人们不再能感受到真实的环境，被周围的成像效果所欺骗，完全进入到了虚构的世界中。

衍射

在物理学中，衍射是指与波的传播相关的现象，如波遇到障碍物时的扩散和弯曲。所有类型的波都会发生衍射，无论是声波、液体表面的波或是电磁波（如光波和无线电波）。在电磁波谱中，X射线波的波长类似于物质中原子之间的距离。因此，X射线波的衍射被用作探索晶体结构性质的一种方法。在1953年发现脱氧核糖核酸的双螺旋结构时就应用了该项技术。

液晶显示器

由杰克·詹宁发明，用于显示数据的电气系

统。由两个透明的导电层组成，两层导电层之间夹着一种特殊的晶体物质（液晶），当光通过时，液晶可以使其流动。液晶显示屏的基本物质是液晶，显示过程类似于液体的流动。在工业及消费产品中随处可见液晶显示屏幕的存在：提款机、家用电器、电信设备、计算机等。

乙烯醋酸乙烯酯（EVA）

EVA是 "ethylene vinyl acetate"（乙烯醋酸乙烯酯）的缩写，它也被称为泡沫橡胶。乙烯醋酸乙烯酯是一种抗天气变化和抗化学物的热塑性聚合物。它有较低的吸水性，不会污染环境，可以作丢弃、循环或焚化处理。其应用包括学校用品、鞋类、布景设计和手工艺品。它可以洗涤，并且无毒。

硬件

电脑的物理部件。硬件包括电子设备和电动机械设备、电路、电线、卡、箱体、外设以及其他与电脑相关的物理元件。

原子序数

在原子核中发现的质子数量。原子序数传统上由字母Z表示。作为化学元素独有的标识，它代表原子的一种基本属性——原子的核电荷。

再循环

是指重复利用物体、技术或设备的还能使用的部分或元素的工艺，无论这些部分或元素所属事物是否已经达到使用寿命。

振幅

在波动力学中，波的振幅是波的最大值，包括正值和负值。最大正值被称为峰或顶，绝对值最大的负值则被称为谷或底。

织物微胶囊

布料结构中的微小容器，使布料可以从中获得优良的特性，该物质有时候为液态。含有石蜡微胶囊的保温布是一个典型的例子：如果温度发生变化，石蜡从固态变成液态（或反之），从而确保温度恒定。

字母数字混合编码

由字母、数字及其他字符组成。

中央处理器（CPU）

CPU为 "central processing unit"（中央处理器）的缩写。该组件执行程序指令并控制电脑不同组件的功能。它通常被集成到一个被称为微处理器的芯片中。

转基因

一种基因生物工程技术，其产品是一种遗传物质被故意设计或修改的生物体。首例转基因生物可以追溯至20世纪50年代，当时商业酵母的菌株受到放射物影响发生了改变。生物体的基因修改是引起巨大争议的问题。环境生态组织警告称转基因生物尚未得到充分研究，转基因作物可能会脱离控制，由此污染原生作物。另一方面，转基因生物开发的支持者认为这种技术能够减轻世界饥荒并降低特定疾病的影响（例如，可以种植能够预防营养匮乏症的增强型大米，或饲养能够在其牛奶中产生疫苗或抗生素的奶牛）。

索 引